U0278248

戴淑凤·育儿那些事说

0~1岁

戴淑凤 著

Say

中国人口出版社
China Population Publishing House
全国百佳出版单位

图书在版编目(CIP)数据

戴淑凤说育儿那些事：0～1岁 / 戴淑凤著. —— 北京：中国人口出版社，2014.10
ISBN 978-7-5101-2092-3

Ⅰ.①戴… Ⅱ.①戴… Ⅲ.①婴幼儿－哺育 Ⅳ.
①TS976.31

中国版本图书馆CIP数据核字(2013)第248396号

戴淑凤说育儿那些事：0～1岁

戴淑凤 著

出 版 发 行	中国人口出版社
印　　　刷	小森印刷（北京）有限公司
开　　　本	720毫米×1020毫米 1/16
印　　　张	18
字　　　数	280千
版　　　次	2014年10月第1版
印　　　次	2014年10月第1次印刷
书　　　号	ISBN 978-7-5101-2092-3
定　　　价	34.80元

社　　　长	陶庆军
网　　　址	www.rkcbs.net
电 子 信 箱	rkcbs@126.com
总编室电话	（010）83519392
发行部电话	（010）83534662
传　　　真	（010）83519401
地　　　址	北京市西城区广安门南街80号中加大厦
邮　　　编	100054

我与父母孩子一起成长 （代序）

40多年，我在北大第一医院从事妇产科、新生儿专业的医教研工作，期间，进修学习过传统医学、经络治疗，研修"发展与教育心理学研究生"课程，自学儿童行为学及其矫治、神经生理与神经心理等相关学科；

40多年来，我为准父母、父母和孩子们撰写了大量孕育与早期教育的科普读物；

跟踪随访与跟进性指导约10万人次婴幼儿，其中，矫治特殊需要教育儿童近万人次……

这些不仅仅是一串串数字，更重要的，它记载了我与父母和孩子一起成长的点点滴滴，它让我深深感受到拥有一个健康、快乐、聪明的宝宝，是新手父母及隔代人的最大心愿，也是国家强盛、民族兴旺的根本所在。

当"80后"第一代独生子女从叛逆中逐步走向成熟的时候，他们也逐渐步入了生儿育女、为人父母的行列。由于生理成熟与心理成熟的距离，年轻父母们处处感觉不顺手，面对孩子常常表现出不知所措。"单独二胎"政策实施以来，迫于上一辈的压力，很多为人父母不久的年轻爸妈们又孕育了第二个爱情的结晶，这让他在充满幸福的成就感的同时也一定会压力倍增。虽然你们思想的多样性和复杂性可能不被老一辈人所理解，甚至存在不可逾越的代沟，但是你们仍然渴望着成长。

基于广大"80后"新手爸妈以及正在或已经孕育了二胎的"高龄"新准父母们的信赖和呼声，针对孕育和教养过程中可能遇到的新情况、新问题、新期望，我结合几十年的临床经验，撰写了这本面向家长的科学育儿书。在《戴淑凤说育儿那些事》中，新手父母和二孩父母们都可以找到相应答案。本书包括宝宝0~1岁每个月的生长发育、科学养育、专家指导和早教方案。

1. 生长发育月月查

翻开这个月龄，可以轻松查到宝宝的身体发育指标和智能发展水平。身体发育指标包括身高、体重、头围、胸围的正常范围，即这些指标的平均值和最高最低范围；智能发展水平简要概括不同月龄宝宝的大动作智能、精细动作智能、语言智能、认知智能等各种智能的发展水平。

2. 养育也要讲科学

针对不同月龄宝宝生长发育的特点，容易出现的问题，你该如何科学照料？应掌握什么护理技巧？该做哪些预防接种以及预防接种禁忌证与接种后反应分析与护理？不同月龄的宝宝教养环境如何创设？宝宝良好的行为习惯如何养成？宝宝的营养、喂养与辅食制作；家庭教育和养育的误区与解惑等，在这个月龄里都可以找到。

3. 专家医生帮帮忙

不同月龄宝宝容易发生的疾病，作为孩子的"家庭保健医"该如何分辨，如何采取正确措施；营养性疾病的预防、微量元素缺乏症等，家庭如何早期发现并采取调治措施；如何采取正确安全防范措施，以避免孩子发生意外伤害，以及发生意外后该如何正确处理。

4. 宝宝聪明教养方案

每个月龄都有相应的开发多元智能的趣味游戏，在快乐的启智游戏之中，使孩子体能、智能、情商都能得到理想而快乐的发展。父母也可以通过家庭测评，了解宝宝哪些方面比较突出，哪些方面尚需努力，以促进宝宝全面发展。测评不是目的，重要的是父母每天都要有与孩子开心互动的时光，在互动过程中全面促进孩子的体能、情商、智商的全面发展。

每个人都不可省略地要经历成长过程。现在的我，不光是女儿、妻子、母亲，而且是我至爱的孙女、孙子的奶奶。一路走来，体验着酸甜苦辣，人生百味。除却工作中那千千万万张父母和孩子们甜蜜的笑脸让我时刻难忘外，晋升为孩子奶奶的喜悦更让我回味自身随之成长的人生过程！因为，女人晋升为母亲，就意味着终身的使命与责任——这就是引领孩子健康成长每一步，让孩子拥有最佳人生起点，成为国家栋梁，并一步步走向成功。这不仅是父母和家人的期盼，也是科技兴国、国富民强的根本。所以，做"女人"是伟大的！母亲的岗位是神圣的！相信，"80后"的你们也必会与时俱进，成为最能胜任伟大使命的新一代父母亲。

亲爱的年轻父母及养育者，请你们一定要记住：生儿育女是一个自然的生理过程，更是一个心路旅程！你们更应记住，你不是一个人在战斗！有我、有你们的父母和朋友在陪伴你们共同成长、体味生儿育女的幸福人生！

本书旨在传播生儿育女的知识，造福儿童，帮助年轻父母，呼吁全社会加强优生优育，捍卫儿童身心健康，让每个儿童都能健康，快乐地成长。拥有最佳的人生起点！

书中不妥，错误之处，诚望读者和同仁朋友指正。

戴淑凤
2014年1月

目录

第一章　第1个月

第二章　第2个月

第三章　第3个月

第四章　第4个月

第七章　第7个月

第八章　第8个月

第十一章　第11个月

第十二章　第12个月

第一章
第1个月

生长发育月月查

 身体发育指标

刚出生的时候

初生时	男孩	女孩
身长	46.8～53.6厘米，平均50.2厘米	46.4～52.8厘米，平均49.6厘米
体重	2.5～4.0千克，平均3.2千克	2.4～3.8千克，平均3.1千克
头围	31.8～36.3厘米，平均33.9厘米	30.9～36.1厘米，平均33.5厘米
胸围	29.3～35.3厘米，平均32.3厘米	29.4～35.0厘米，平均32.2厘米

满月的时候

满月时	男孩	女孩
身长	51.9～61.1厘米，平均56.5厘米	51.2～60.9厘米，平均55.8厘米
体重	3.7～6.1千克，平均4.9千克	3.5～5.7千克，平均4.6千克
头围	35.4～40.2厘米，平均37.8厘米	34.7～39.5厘米，平均37.1厘米
胸围	33.7～40.9厘米，平均37.3厘米	32.9～40.1厘米，平均36.5厘米

注：满月时身长：到第一个月末可增长6厘米
　　满月时体重：到第一个月末体重增加800～1000克
　　满月时胸围：第一个月增长4.5厘米

 智能发展水平

◎ 俯卧的时候会抬头、转头
◎ 当触碰宝宝手掌的时候宝宝会紧握拳
◎ 可转头注视人或红球

◎ 听见人声或逗弄的声音会转头
◎ 当有人逗引的时候会微笑（30天左右）
◎ 能发出细小的喉音

养育也要讲科学

教养要点

◎ 要坚持母乳喂养。

◎ 喂养的时候要注意早开奶、早接触、早吸吮。

◎ 保证宝宝充足的睡眠。

◎ 经常性地和宝宝进行对话。

◎ 注意观察宝宝大小便的状态和气味。

◎ 充分进行皮肤接触，对宝宝多搂抱、多抚摩。

◎ 以微笑和丰富的表情看着宝宝。

◎ 让宝宝学习"逗笑"，练习"抬头"。

◎ 听听胎教音乐，给宝宝唱歌。

◎ 每天进行皮肤清洁，脐部护理。

不同的新生儿

早产儿

　　早产儿是指胎龄在满28周到不满37周（胎龄196～259天）时娩出的新生儿，其出生时体重通常不足2.5千克。由于早产儿体重轻，各器官发育尚不成熟，故对外界环境适应能力较差，因此需要特殊的护理和喂养。有的需要在暖箱里保温一段时间，从医院回家后也要对其进行保暖及特殊护理，即便是吸吮有力的早产儿也要遵循少量且多次喂养的原则。早产儿因抵抗力差，更需要母乳喂养，并要防止呛奶，喂奶后需要轻拍其后背，放下时应呈侧卧位，以防乳汁被宝宝误吸入气道，引起窒息。不会吸吮的早产儿还要用滴管授乳或鼻饲等方式哺喂。早产儿的妈妈在未出院前应向医护人员咨询护理及喂养须知，并一一记录下来，如果出院后发现仍有疑问请及时查阅本书相关内容或者及时向医护人员咨询。

足月儿

足月儿是指胎龄在满37周到不满42周之间娩出的新生儿。足月儿的体重通常在2.5～3.8千克。相比早产儿来说，足月儿身体状况的各方面都相对成熟。只要妈妈为孩子做好母乳喂养和护理，都会让孩子茁壮成长，如遇到疑惑请翻阅本书相关章节。

巨大儿

出生体重等于或超过4千克的新生儿，称之为巨大儿或高出生体重儿（high birth weight infant）。巨大儿情况的产生可能与遗传因素或孕妈妈的营养情况有关，妊娠期患有糖尿病的妈妈，生出巨大儿的概率往往较大。

过期产儿

过期产儿是指满42周后出生的新生儿。部分产妈妈由于生产前胎盘功能老化，子宫内缺氧，易使宫内育胎境况窘迫，导致出生时容易发生新生儿窒息。由于胎儿成熟过度，胎头较硬，经过产道时，胎头的可塑性差，因此，出生时容易发生难产，以至于引起产伤，如骨折、颅内出血、胸锁乳突肌损伤等。过期产儿出生前几天，容易患新生儿低血糖症等。所以，对于过期产儿的妈妈来说尤其要注意进行及早喂奶，以预防过期产儿患上低血糖症。

高危儿

高危新生儿是指在产前、产时和产后有高危因素影响的新生儿。具有以下情况之一者，即属于高危新生儿。

① 胎龄不足37周的早产儿，或胎龄大于42周的过期产儿；

② 出生体重在2500克以下的低出生体重儿；

③ 双胎或多胎儿；

④ 妈妈分娩过程发生异常或者出生后发生窒息、缺血缺氧性脑病、惊厥、新生儿重症黄疸、产伤性颅内出血、代谢异常（如低血糖症等）的新生儿；

⑤ 妈妈难产（产钳助产）的新生儿；

⑥ 新生儿期严重感染（如患有新生儿肺炎、败血症等疾病）；

⑦ 患有唇腭裂、先天性心脏病等先天畸形并影响生活能力；

⑧ 患有遗传代谢疾病的新生儿；

⑨ 母亲孕期病毒感染；

⑩ 母亲孕期患有妊娠高血压综合征；

⑪ 父母智力低下；

⑫ 母亲曾有两个及两个以上胎儿死亡史的新生儿。

 ## 给新生儿评评分

一个新生命的诞生，伴随着啼哭的声响开始呼吸。对于新生命，医生和护士都要给其按五项三级评评分，判断一下新生儿的即时状况。对新生儿评分包括以下五项指标：心跳、呼吸、对外界刺激的反应、肌肉的张力及皮肤的颜色。评分方法叫作"阿氏评分法"，按0，1，2三级来得出测评结果，判断新生儿有无窒息情况或者窒息的严重程度。

阿氏（Apgar）评分法

体征	应得分数		
	0分	1分	2分
心率（每分钟）	0	少于100次	100次及以上
呼吸（每分钟）	0	浅慢且不规律	哭声响
肌张力	松弛	四肢稍屈	四肢活动，屈曲
喉反射（刺激）	无反射	有些动作	咳嗽，恶心
皮肤颜色	苍白/青紫	四肢青紫	全身红润

关于评分：五项指标中，每项按0分，1分，2分三个等级来测评。满分为10分，8分以上提示新生儿无窒息情况；4~7分提示存在轻度窒息情况，表明缺氧已达到比较严重的程度，需立即采取清理呼吸道、吸氧、人工呼吸等复苏抢救的措施才能使宝宝恢复正常呼吸和心率；0~3分为重度窒息情况，提示新生儿缺氧严重，如不进行及时抢救，可能导致新生儿夭折或遗留下远期后遗症，如智力落后、脑性瘫痪等。

新生儿的生理特点

》 外貌 《

头长约为身长的1/4，头发发丝分明，耳壳软骨发育较佳，能保持直立形态。胸廓呈桶状，较为狭窄，乳腺可触到结节，乳头明显可见。腹部稍有膨胀隆起，但一般不超过胸廓高度。指甲超过指端，足跖有较多较深的纹理。男婴睾丸已包裹于阴囊之中，女婴大阴唇已遮盖住小阴唇。

》 姿势 《

四肢相对较短，呈弯曲外展状（"W"形）。

》 皮肤 《

皮肤角化层较薄，表面缺乏溶菌素，皮下血管丰富，由于汗腺分泌旺盛使得汗液分泌较多，大小便次数多，尤其进行母乳喂养的宝宝大便次数较多。如果不经常给宝宝洗澡以及护肤，这些有害的代谢产物就会不断刺激宝宝的皮肤，特别是在颈部、耳后、腋下、腹股沟、臀部等皮肤皱褶处，很容易出现皮肤溃烂或感染。

》 生理性体重下降 《

宝宝在出生后一周内体重都会出现一个正常的生理性下降，一般在出生后2～4天内，宝宝体重下降能达到6%～9%，但最多不超过10%，一般在10天左右恢复至出生时体重，也有的晚至第三周才能恢复到出生时体重，但这并不会对以后的发育造成影响，爸爸妈妈不用过分紧张。一旦体重得到恢复，随着日龄增长及哺乳量的增加，体重也会迅速增加，一般每天可增加30克以上。

》 呼吸 《

新生儿呼吸浅而快，每分钟40～50次，有时节律不齐，以腹式呼吸为主。如不仔细观察则看不出胸部抬起，只会看见宝宝的肚子在上下起伏。最初的几天由于呼吸中枢尚未发育完全，宝宝有时呼吸不规则，甚至会出现呼吸暂停的状况，尤其是早产儿呼吸暂停的状况更易发生。经过2～3日宝宝呼吸逐渐平稳，有规律，但在哭泣、吃奶时呼吸节律会加快。

循环

在妈妈怀孕4周时腹中的胎儿开始出现心跳，而在8～12周时便能建立完善的胎儿循环。胎儿血为混合血，氧和营养物质是经由胎盘与胎盘外的母体之间进行交换的。

新生儿心率很快，每分钟在140次左右，其波动在120～160次／分钟，由于末梢血流缓慢，导致血红蛋白偏高，胎儿在哭泣或遇冷时会出现口周发绀和四肢末端偏凉的症状，但随着月龄增长，末梢血液循环会逐步得到完善。

当新生儿出现异常情况时，一定要及时做相应的检查。

大便

正常新生儿在出生后10～12小时内开始排大便。有的新生儿在娩出过程中即排便。起初两天大便呈墨绿色、黑棕色，称为胎便。吃母乳后排出的大便呈混杂着棕黄的颜色，3～4天后新生儿的排泄物转为金黄色软便，呈黏糊状，不成形，每天会排出好几次。若出生后24小时内一直未排便，并伴有腹胀、呕吐的症状，且呕吐物为黏液或羊水，此时应考虑新生儿是否存在消化道梗阻的情况，并尽早就诊，检查是否患有先天性畸形或胎便黏稠的疾病。

小便

正常新生儿多在出生时或出生后6小时内排尿，出生后第2～3天尿量少，但每天尿量至少能达到60毫升以上。若新生儿出生后24小时内不排尿，应当喂给浓度为10%的葡萄糖水20～30毫升，并观察其是否排尿（宝宝屁股下应垫布垫，因为尿不湿、纸尿裤的吸水性强，量少的尿都吸收完全，不易观察，故不使用）。如果仍未排尿，应到医生处做相应检查，对异常情况进行有效处理。

母乳是无与伦比的天然营养

母乳中含有400多种微量元素，其中各种营养素的含量高且各方面比例搭配符合婴儿所需，因此对婴儿来说，它的营养价值远远高于任何其他宝宝代乳品，是宝宝无与伦比的营养源。

α-乳清蛋白

母乳中含有丰富的α-乳清蛋白，含量占乳汁中蛋白质总量的27%，是母乳中的主导蛋白。乳清蛋白和络蛋白比例约为80：20，而牛乳则相反，比例约为20：80。由于络蛋白不容易被婴儿消化吸收，所以母乳相比牛乳来说更适合婴儿健康成长所需。

乳铁蛋白

母乳中特有的蛋白质，能与需求铁元素的细菌相抗争，从而抑制肠道中的某些依赖铁生存的细菌滋生，防止腹泻的发生。

乳糖

母乳中的乳糖在消化道中经微生物作用可以生成乳酸，对宝宝消化道的环境可起到有效调节和保护作用。

脂肪酸

母乳中富含DHA和AA，摄入合适比例的DHA和AA对于婴儿大脑和视力的发育来说非常重要；它可以促进脑细胞、脑胶质细胞生成以及神经树突、轴突、突触发育，是构建大脑智慧网络的物质基础；它还有利于眼睛的视网膜发育，从而促进视觉的不断发展。DHA和AA能增强呼吸系统抗病的能力，起到预防呼吸系统感染性疾病的作用和促进胆汁代谢的作用。

钙、磷元素

母乳中钙、磷含量虽然不高，但比例较为合适，易于宝宝吸收，因此以母乳喂养婴儿中发生佝偻病的情况较人工喂养者少。母乳中含有多种抗感染因子，特别是用含IgA的母乳喂养的宝宝不仅抵抗力强，而且患呼吸道和消化道感染、便秘、腹泻一系列疾病明显少于人工喂养的宝宝。

牛磺酸

母乳中含有丰富的牛磺酸，对婴儿脑神经系统的发育起着重要作用。

母乳近乎达到无菌标准，卫生、方便、经济，而且乳汁温度非常适合宝宝食用，所以，母乳是宝宝最佳的天然食品。

除此之外，母乳喂养可为融洽亲子关系奠定基础，哺乳时的肌肤相亲能带给宝宝十足的安全感，并且能让妈妈感受到作为母亲所担负的神圣使命感和自豪感，从而更好地激发出对宝宝的疼爱欲。哺乳也有利于妈妈产后体形的恢复，以母乳哺育孩子的妈妈远比不以母乳哺育孩子的妈妈更加健康、美丽。而且，哺乳的过程也将成为以后担当起教养使命的准备和铺垫。

母乳与牛奶中所含成分的比较

	成分	母乳	牛奶
蛋白质	蛋白氮	1.43g/dL	5.38g/dL
	酪蛋白	0.3g/dL	2.7g/dL
	SIgA	0.2g/dL	0
	乳铁蛋白	0.2g/dL	0
	乙磺酸	4.53mg/dL	0.6mg/dL
脂肪	甘油三酯	4.0g/dL	4.0g/dL
	磷脂	0.03g/dL	0.02g/dL
碳水化合物	乳糖	7.3g/dL	4g/dL
维生素	A	75ug/dL	41ug/dL
	B_1	14ug/dL	43ug/dL
	B_2	40ug/dL	45ug/dL
	B_6	12～15ug/dL	64ug/dL
	C	5ug/dL	1.1ug/dL
	E	0.25ug/dL	0
	叶酸	0.14ug/dL	0.13ug/dL
热卡		65/dL	65/dL
pH		7.0	6.8

 初乳——最好的抗病营养素

初乳，是妈妈产后两天内所分泌的乳汁。初乳呈黄色，乳汁略稀薄，量少，每次能被吸出的量仅为2～20毫升，许多妈妈认为乳汁又稀又少不够宝宝吃，因此急于喂宝宝配方奶、糖水或其他宝宝代乳品。甚至有的家长认为初乳看上去很脏，不能给宝宝吃，这些观念都是不科学的。初乳看上去虽然稀而少，脂肪和糖含量低，但蛋白质含量却很高，特别是抗感染的免疫球蛋白含量很高。免疫球蛋白对多种细菌、病毒具有抵抗作用。因此，初乳的量虽然不多，却可使新生儿获得大量球蛋白，能增强新生儿的抗病能力，大大减少宝宝患呼吸道和消化道疾病，如肺炎、肠炎、腹泻的概率。

正确的哺喂方法

采用正确的哺乳方法，母子都舒适。

① 宝宝的整个身体面向妈妈并贴近妈妈；

② 宝宝的脸贴近妈妈的乳房；

③ 宝宝的下巴触及乳房；

④ 宝宝的嘴张度较大，下唇向外伸出；

⑤ 宝宝下唇所含的乳晕较上唇所含的乳晕多；

⑥ 妈妈能看到宝宝进行慢而深的吸吮；

⑦ 宝宝在哺喂结束时，表情看起来是放松、快乐和满足的；

⑧ 妈妈在哺喂时和哺喂后，乳房没有疼痛感；

⑨ 妈妈能听到宝宝吞咽乳汁的声音。

母乳充足的关键是"三早"

母乳充足的关键是"三早"，即早接触（母婴同室）、早吸吮（无特殊情况下产后半小时内宝宝开始吸吮乳头）、早开奶（及早用母乳喂养宝宝）。

早接触

产后妈妈应马上与宝宝接触，贴身抱着宝宝。有肌肤的直接接触，可以促进妈妈分泌出充足而质优的乳汁。另外，婴儿时期与母亲相处时间多的孩子，情绪稳定、情感愉悦，有安全感、幸福感、快乐感，因此长大易与别人相处、合作，不易产生反社会心态，事业上也容易取得成功。

让婴儿尽早开始吸吮乳头，乳汁越吸吮越多，并能够使妈妈和宝宝尽快融合，亲身与切肤之爱和感官刺激会大大促进泌乳。而且宝宝的吸吮能刺激并促进催产素的生成，有利于胎盘娩出和子宫收缩，从而达到止血的目的。

早开奶

宝宝出生后，妈妈应立即抱着宝宝开始喂母乳，让宝宝建立觅食、吸吮和吞咽的反射，这样妈妈的乳汁才能下得早，下得多，另外，初乳中含有宝宝最不可失的抗体，所以给宝宝开奶越早越好，尤其是早产儿、巨大儿，若不早早开奶，会造成低血糖的症状发生，危害宝宝的健康。

母乳不够吃，怎么办

从生理的角度来看，母乳喂养是天然合理的，对于宝宝来说应该是自然且足够食用的。但是，由于现在的妈妈大多都是新手妈妈或者是符合"单独二胎"政策的高龄新妈妈，再加上配方奶的宣传，使人们莫名其妙地感到母乳喂养不像配方奶那样快捷、方便和有效，因此，家长们总感觉宝宝哭是因为没吃饱。那么，如何判断母乳是否充足呢？

母乳充足的判断方法

① 喂奶时伴随着宝宝的吸吮动作，可听见婴儿"咕噜咕噜"的吞咽声。

② 哺乳前妈妈感觉到乳房胀满，哺乳时有乳房下坠感，且哺乳后乳房变软。

③ 两次哺乳之间，宝宝能感到很满足，表情很欢乐，眼睛很亮而且有光泽，反应灵敏，入睡时安静、踏实。

④ 宝宝每天更换尿布6次以上，大便每天2～4次且呈金黄色糊状。

⑤ 宝宝体重平均每周增加150克左右，满月时可增加到600克以上。

母乳不够吃的判断方法

① 喂奶时尽管宝宝用力吸吮，却听不到婴儿的吞咽声，吃奶时间长，并且

不好好吸吮乳头，常常会出现突然放开乳头大哭不止的情况。

② 母亲常感觉不到乳房胀满，也很少见乳汁如泉涌般往外溢出。

③ 哺乳后，宝宝仍然左右转头找奶吃，或者仍哭闹而不是表现为开心的样子，入睡不踏实，不一会儿又出现觅食反射的现象。

④ 宝宝大小便次数减少且每次量渐少。若是母乳充足且给宝宝足够的哺喂，每日正常小便应在6次以上甚至十几次。

⑤ 宝宝体重增长缓慢或发生停滞。

母乳不够吃，不能将问题归结为母乳分泌不足，应积极找出原因。分析出乳妈妈是否饮食不当、心情不好、精神疲劳或者是哺乳的方法不对，以便针对问题及时解决，不应该轻易气馁而放弃母乳喂养。随着配方奶业的高速发展、宣传的鼓动及种种社会和文化等因素的影响，纯母乳喂养的想法不断受到干扰，在此希望妈妈们不要动摇，坚持母乳喂养。

母乳喂养成功的八要点

用自己的乳汁哺喂自己的宝宝是母亲神圣的天职，作为妈妈要克服种种代乳品大力宣传的诱惑，保证母乳喂养能成功。

观念和信心

既使是刚刚生育二胎的新妈妈也要相信自己能够分泌足够的乳汁哺育宝宝。这是上帝的恩赐，是生命繁衍的必然选择。多了解母乳喂养的知识和好处，认识到只有母乳才是婴儿最理想的天然食品，只有母乳喂养才能让婴儿健康成长得到保证。它不仅使婴儿体格健壮，而且能促使亲子关系更加亲密，从而促进婴儿的身心健康发展。

做到三早

早接触（母婴同室）、早吸吮（无特殊情况婴儿出生后半小时内应吸吮妈妈的乳头）、早开奶（及早用母乳喂养婴儿）是促进母乳分泌充足的前提。对出生后不超过3个月的婴儿来说，最好不喂或少喂糖水，以免发生腹胀。

多吸吮能促进乳汁分泌

出生后1周内的婴儿要按需哺乳，吸吮乳头能充分挤压乳窦，使乳汁从乳腺导管通畅流出，宝宝不断地吸吮能刺激母亲乳头上的感觉神经末梢，形成泌乳信息，接着这种信息从妈妈的感觉神经末梢即视觉、听觉、触觉不断传入泌乳中枢神经系统，从而产生泌乳素，引起泌乳反射及喷乳反射，促进乳汁分泌并流出。乳汁越吸越多且越分泌。随着母乳哺喂日龄的增加，大约一周后母乳会越来越充足，渐渐地就可以过渡到定时哺喂了，即3小时喂一次。

不要用橡皮奶头喂奶粉

生产后最初几天乳汁分泌的量较少，但出生头几天的宝宝需要进食的量也少，不应用橡皮奶头喂配方奶。因为吸吮橡皮奶头易使婴儿产生"乳头错觉"，习惯橡皮奶嘴后就会拒绝吸吮妈妈的乳头，甚至导致母乳喂养失败。

催乳膳食保证母乳充足

乳妈妈的膳食营养也很重要，可相对多喝一些清淡的鱼汤、七星猪蹄汤等，多吃营养丰富易消化吸收的食品，有助于催乳。

情绪和睡眠也很重要

哺乳期保持心情愉悦、睡眠充足，是乳汁充足的精神营养和保证。

遇到困惑应及时进行咨询

哺乳期间可能会遇到许多令乳妈妈困惑的问题，此时，可以向保健医生咨询，或与有过哺乳经历的妈妈进行交流，可以有助于问题得到解决。

家庭支持

坚持母乳喂养与家庭的支持和帮助是分不开的。作为乳妈妈的丈夫应多分

⊙ 丈夫应该多帮助妻子照顾孩子，为妻子分担一些。

担家务，帮助照料孩子，并且要体贴、理解妻子，鼓励妻子坚持母乳喂养。

 **打造温馨婴儿房**

居室环境创设

新生儿体温调节中枢尚未发育完全，体温变化易受外界环境的影响，故应选择既能使新生儿体温保持正常，又能使其耗氧代谢最低的居室环境。新生儿居室的室温应在20~24℃（早产儿应达到25℃以上），湿度在50%~60%为佳。

新生儿居室应选择向阳、通风、清洁、安静的房间。但要避免婴儿的眼睛被阳光直接照射，以免其视网膜受到紫外线损伤。可以考虑让婴儿单独睡一小床，这样不仅能避免妈妈熟睡后身体压迫到宝宝，又能让妈妈睡个好觉，消除疲劳。寒冷的冬季不仅要注意居室保暖，而且在用热水袋保暖时，要小心宝宝被烫伤。炎热的夏季要注意室内保持通风，可以使用电风扇和空调，但电风扇不能直接对着婴儿吹，而且在使用空调制冷时不宜长时间开放或将其温度调得过低。因为室内无新鲜空气对流很容易使宝宝患上呼吸道感染疾病，同时也不利于新生儿适应温度变化带给皮肤的刺激以及身体对温度进行相应的调节。应使室内保持一定的湿度，加湿可用空气加湿器，在冬季可在暖气片上放些干净的湿布，夏季可在地面上洒些清水。

另外，绝对不能在居室内吸烟，避免新生儿被动吸烟。另外，尽量避免过多亲朋好友上门探望，有呼吸道感染的亲友应尽量不探望新生儿，以免传染乳妈妈和新生儿。

科学布置婴儿室

新生儿居室的装修、装饰要简洁、明快且环保卫生。可在空中吊挂一个鲜艳的大彩球及在墙壁上放置一幅大挂图，以刺激宝宝的视觉，促进其视觉水平得到发展。但不要将居室布置得杂乱无章或过于琳琅满目，使得婴儿的视觉产生疲劳。不能让宝宝住在刚用涂料等粉刷过的房间，以避免所含化学毒物使宝宝发生中毒。婴儿的居室不提倡铺地毯，由于地毯不易清洁，会藏污纳垢，不仅容易滋生致病菌，还可能成为过敏源，使宝宝发生过敏。另外，也不利于宝宝日后行走的练习。

宝宝的衣着准备

宝宝的皮肤非常娇嫩，因此制作或选择宝宝衣服时就要从衣料的质地、颜色，衣服的式样等多方面来考虑。

质地

要选用质地柔软、吸水性强、透气性好的棉织品做内衣，也可用旧的棉毛衫裤制作。化纤及毛织品对皮肤有刺激，易引起刺痒，甚至出现过敏反应，一般不宜使用。如实在要用，可在制作外套时使用。

颜色

衣服的颜色要浅，因深色布料多用苯胺染料染织，易使新生儿患高铁血红蛋白病，使新生儿出现发绀。浅色衣服不仅清爽、干净，也便于及时发现异常情况，如呕吐物的颜色、性状等。

式样

选择衣服的式样，要选便于穿脱、有利于宝宝进行活动的，还要注意保暖。内衣做得宽松些，选择斜襟式样的款式，并使用带子来系扣，既柔软也便于系扣。不宜使用拉链和纽扣，以免划伤皮肤或其脱落后被宝宝误食，发生意外。根据季节应准备薄厚不同的衣服，如单衣、夹衣、棉衣。不必为半岁内的宝宝准备太多衣服，因为宝宝生长发育太快，此阶段

为宝宝选择衣物时要从质地、颜色和式样三个方面综合考虑。

约能增长16厘米。半岁后再适当地为宝宝准备衣服，能将亲朋好友家的旧衣服拿来循环利用更好，但要注意卫生。

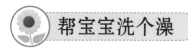 帮宝宝洗个澡

洗澡既可以保持皮肤清洁，减少细菌的侵入，又可利用水对皮肤的刺激来加速血液循环，促进皮肤内外的新陈代谢，增强机体的抵抗力，通过水浴过程，还可使宝宝皮肤触觉、温度觉、压觉等与感知觉相关的能力得到训练，让宝宝得到满足，建立起快乐的情绪，并有利于触知觉的健康发展。

父母在给宝宝洗澡时，要用亲切的眼神看着宝宝，并用温柔的语气来进行对话，先替宝宝脱去衣服，裹上浴巾，以左臂轻轻抱着宝宝，左手托住宝宝的头部，并用左手拇指、中指从宝宝耳后向前轻压住耳郭，以盖住耳孔，防止洗澡水流入耳内。首先擦洗面部，沾湿一块洗脸专用的小毛巾，从眼角内侧向外轻拭双眼、嘴鼻、脸及耳后，以少许洗发水洗头部，然后用清水洗干净，擦干头部；洗完头和面部后，若脐带已脱落，即可去掉浴巾，将宝宝轻放入浴盆内，以左手扶住宝宝头部，以右手按顺序来洗小儿颈部、上肢、前胸、腹部，再洗后背、下肢、外阴、臀部等处，尤其注意皮肤皱褶处要洗净。

洗完澡后将宝宝用大毛巾包好，轻轻擦干，并注意做好保暖工作，接着在颈部、腋窝和大腿根部等皮肤皱褶处涂上润肤液（夏天扑上婴儿爽身粉），注意使用的必须是对宝宝皮肤无刺激的并且有品质保障的相关护肤品。宝宝不宜使用成年人护肤品，以免被皮肤吸收而引起不良反应。

洗澡时应注意的事宜

室温及用品

调整好居室温度，准备好洗澡用品，包括澡盆、毛巾、婴儿浴液、婴儿洗发水、润肤露，婴儿洗后要穿的衣物、要换的尿布、擦身的浴巾等应放在顺手可取的固定地方。洗澡时室内温度应在24℃左右。早产儿或初生7天内婴儿则应将室

内温度控制在28℃左右，水温在38～40℃。在给宝宝洗澡前可以用肘部试一下水温，稍高于人体温度即可。

手法一定要轻柔、敏捷，初生婴儿洗澡的时间不宜过长，一般3～5分钟，时间过长易使小儿疲倦，另外也容易着凉。

给新生儿洗澡的时间不宜过长。

选择婴儿用浴液，但不必每次洗澡都使用浴液，如需使用，用后一定要冲洗干净，以免刺激宝宝娇嫩的皮肤。在秋冬季节，气候干燥，洗后可在宝宝面部及手足等处涂抹婴儿用润肤露，以防皲裂。臀部可涂鞣酸软膏或植物油预防红臀发生。如脐带未脱时洗澡，不宜直接将婴儿放入浴盆中浸泡，应用温水沾湿的毛巾擦洗其腋部及腹股沟、臀部处，注意尽可能不将脐部弄湿，以免其被脏水污染，发生脐炎。如果弄湿了也不必担心，用浓度为75%的酒精蘸湿棉签擦拭脐部即可。

 # 脐部护理与脐炎预防

被剪断几小时后的脐带残端变成棕色，逐渐变得干燥、发黑，在3～7天时从脐根部自然脱落。

脐带脱落后，根部往往较为潮湿，这是正常现象，可以用消毒过的棉签蘸浓度为75%的酒精将脐根擦拭干净，接着很快就会干燥，以后不需要每天都进行消毒。

但在脐带未脱落以前，每天都要注意观察脐部有无渗血、渗液或者分泌出脓性分泌物。每天用消毒过的棉签蘸浓度为75%的酒精擦拭脐带根部，并轻轻擦去分泌物，一天1～2次即可，不能用纱布包裹，更不要用厚塑料布盖上并用胶布粘上，因为这样很容易滋生细菌，造成脐炎乃至生出脐茸。一旦脐部有脓性分泌物，伴有臭味或脐带表面发红，甚至引起宝宝发热时，说明可能已患上脐炎，应及时请医生进行治疗。

若脐带脱落以后，脐部总是无法干燥，请仔细观察其是否呈粉红色，如果观察到有绿豆大小像葡萄串一样的新生物，并且其表面常有渗液，甚至有脓液，说明这种新生物就是脐肉芽肿，又叫脐茸。这是由于脐带脱落后，断端遭到细菌感染的结果。如遇到这种情况，应尽快请医生进行治疗。一般都需要清除肉芽组织，直至创面干燥。

眼睛护理及异常处理

分娩过程中当胎儿通过产道时，眼睛易被细菌污染，有些新生儿眼部分泌物多，出生后要注意对其眼部进行护理，可用干净小毛巾或棉签蘸温开水，从内眼角向外轻轻擦拭去分泌物。

发现胎儿出生即分泌脓性分泌物时，应尽快告知医生，将分泌物制成涂片，寻找淋球菌，同时还要将分泌物进行培养来寻找淋球菌，如果结果呈阳性，应按淋球菌性结膜炎来进行相应治疗，且治疗必须要彻底，否则宝宝视力会受到影响。如果是衣原体性结膜炎和单纯疱疹性、细菌性结膜炎等都要在医生的指导下进行相应治疗。

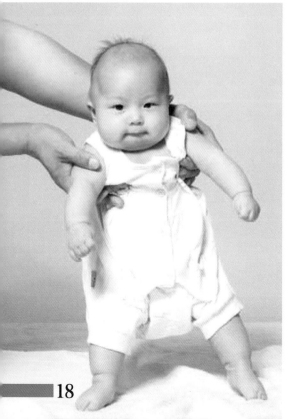

耳部护理及异常分辨

洗澡时注意勿将水灌入新生儿耳道内，洗澡后以棉签拭干外耳道及外耳其他部位。不过，假如不小心将水灌入耳道内也不必手足无措，只需用棉签将耳道清洁干净即可。另外，宝宝耳背后的清洁也是必不可少的。由于耳背后很容易发生湿疹及皲裂，应涂些食用植物油，当耳后出现湿疹时可涂婴儿湿疹膏。如果患上中耳炎，宝宝会哭闹、烦躁，甚至引起发热，此时应按医生指导来治疗中耳炎。

 ## 口腔护理及异常分辨

宝宝的口腔黏膜薄嫩，不要对其进行擦拭。尤其是如果宝宝的口腔黏膜附着有白色豆腐渣样物，用棉签轻轻擦拭不仅不易脱落，而且豆腐渣样物被擦掉后会导致黏膜下面充血，则可能患鹅口疮，应及时请医生进行诊治。

如果宝宝患了鹅口疮，家长也不要惊慌，可以用棉签向口腔黏膜涂制霉菌素液，每日涂3～4次，即使看不到白色豆腐渣样物仍要继续涂4～5天，才能根治。有的家长自作主张给孩子使用消炎药（抗生素），造成孩子发生肠道菌群紊乱，由此导致鹅口疮（白色念珠菌感染）反复发作。有的家长因为没有遵循相应的治疗方法、步骤、时间，甚至没有耐心坚持给宝宝治疗，想起来便涂，见到情况稍好就停止涂药，导致鹅口疮久治不愈。

另外，不少年纪略长的家长会用粗布给宝宝擦拭牙龈，不料却导致宝宝牙龈出血，他们认为由于牙龈颜色呈现黄白色，宝宝会感到痒痒，便误认为孩子哭闹是由于这些"黄白泡泡"闹的。其实，婴儿的牙龈本来就是浅黄色的，为正常现象，但由于家长如此不恰当的处理，导致宝宝口腔黏膜浅表溃疡，以致其受到细菌感染。也有少部分家长把孩子牙龈正常的状况当作鹅口疮而跑到医院来寻求治疗。

还有，宝宝舌面一般都会有一层薄薄的白苔，当宝宝口服带颜色的药物，舌苔也会染成同样的颜色，家长应当仔细观察和分辨一下，不要因此便大惊小怪、惊慌失措。

 ## 鼻腔护理及异常分辨

新生儿鼻腔短而狭窄，经常会有分泌物或者溢乳堵塞鼻孔而影响呼吸，此时可用医用脱脂棉或小毛巾角蘸水后轻轻润湿鼻腔内所结的干痂，再轻轻按揉鼻根部，然后用棉签轻轻取出，或者用女性修眉用的钝头小镊子将其轻轻夹出，但做此处理时，千万要注意安全，不要弄伤宝宝。

如何给宝宝清洗外阴

给女宝宝清洗会阴时，应按从前向后的方向清洗。因为女宝宝尿道较短，暴露在外，容易被肛门周围的细菌所感染。男宝宝阴茎包皮易藏污垢，在替他洗澡时应将包皮用拇指、食指推开，露出龟头，清洗藏纳其中的污垢。需要注意的是男性新生儿大部分是包茎，清洗外阴时用手轻轻地将包皮向上推即可使龟头露出，改善包茎的情况。有时男宝宝阴茎头上充血发红，令家长着急。其实，轻轻推开包皮，用浓度为0.9%的生理盐水（淡盐水）浸泡茎头3～5分钟即可，请各位家长不要太过担心。

 ## 预防接种要及时

接种卡介苗

卡介苗是一种减毒活性疫苗，新生儿接种卡介苗，是预防结核病的有效措施。宝宝的免疫能力较差，如果感染了结核病，特别容易患较严重的粟粒型肺结核及结核性脑膜炎且留下后遗症，因此，在宝宝出生后要接种卡介苗。

接种方法及接种后反应过程

在我国，正常新生儿应在出生后24小时内接种卡介苗。接种用皮内注射或划痕两种方法，但大多都使用皮内注射法。接种后2～3天内接种部位略有红肿，大部分宝宝接种3周左右接种部位局部会出现红肿硬结，且硬结中间逐渐软化形成白色小脓疱，直到脓疱自行穿破后接种部位结痂，待结痂脱落后会留下一个淡淡的瘢痕。从接种到接种后的全过程大概需要2～3个月。

接种卡介苗的注意事项

接种卡介苗前，除出生不到3个月的婴儿外，均需先做结核菌素试验（OT试验）进行检验，只有结核菌素试验结果呈阴性者才能接种卡介苗。另外，宝宝接种卡介苗3个月后，要到当地结核病防治所再次做结核菌素试验，检查卡介苗接种是否成功。如果结核菌素试验结果呈阳性，说明机体已产生特异性免疫力；如果试验结果呈阴性，说明接种尚未成功，需要重新接种。

此外，卡介苗的免疫是活菌免疫，接种后人体所产生的特异性免疫力随年龄的增长逐渐降低，因此对结核菌的免疫能力也逐渐低下，所以初接种经过了一定时间段后，还需要进行复种。一般是在新生儿出生后接种，到小学一年级和初中一年级进行第一和第二次复种。

注射乙肝疫苗是为了预防乙型肝炎。出生后24小时内接种第一次，30～40天后接种第二次（满1个月时），5～8个月后（一般在6个月时）接种第三次。

乙型肝炎简称乙肝，是由乙型肝炎病毒引起的传染病，其发病数量占病毒性肝炎发病总数的45%～60%，有相当一部分人在感染乙肝病毒后逐步发展为慢性持续性感染状态，而乙肝病毒的携带（俗称澳抗阳性），是肝硬化或肝癌的诱发因素之一。在所有携带病毒的母亲中，约40%会直接将病毒传染给婴儿，造成极大的危害。因此，新生儿必须接种乙肝疫苗，因为它能刺激机体产生保护性抗体，以预防乙肝病毒传播。

乙肝疫苗是经过提纯后的乙肝表面抗原，疫苗中的抗原不具有活性。接种第一针乙肝疫苗后，只有约30%的人能产生乙肝表面抗体，而且抗体发挥出的效果很不稳定，接种第二针后，有90%的人产生抗体，而第三针后所产生抗体呈阳性的概率可达到96%以上且其效果能持续地维持在较高水平。所以家长必须牢记的是要给孩子按接种的程序和时间接种完三次乙肝疫苗，尤其第三针间隔时间较长，千万不要忘记了。

接种乙肝疫苗后接种者基本上没什么明显的不良反应，稍有个别的宝宝会出现轻微发热，但不必做什么特殊处理。

接种疫苗备忘录

卡介苗
正常新生儿在出生后应立即接种卡介苗，刺激体内产生特异性免疫力，预防结核病。
乙肝疫苗
正常新生儿应在出生后24小时内接种第一次，30天时接种第二次，6个月时接种第三次，可预防乙型肝炎。由于第三针间隔较长，注意不要忘记接种。

专家医生帮帮忙

　　新生儿期是宝宝成长的一个过渡时期，有一些稀奇古怪的现象，常常会令父母和家人感到困惑不已，这些特有的现象有的是生理的需要，有的是病理的结果。其中有些需要治疗，但多数是不需要治疗的，随着时间的推移便能够自然好转或痊愈。

 颅内出血

　　新生儿颅内出血是因子宫内缺氧或分娩过程中的产伤所致。缺氧状况多发生于早产儿，产伤状况多见于足月产儿（特别是臀位助产儿），剖宫产儿也会发生。症状的轻重取决于出血的部位所在和出血量的多少，出血量少且发生在大脑表面者症状相对不明显。其他部位出血，而且量较多时，可见患儿兴奋、肌张力高、易受到外界刺激、难入睡、常尖叫、抽风甚至有嗜睡、昏迷、斜视、呼吸不规则、四肢瘫痪等症状。重症患儿应立即转至儿科进行NICU治疗。部分患儿可能会留下神经系统后遗症，如智力低下、脑性瘫痪、癫痫等，但多数患儿预后状况很好。

马牙

　　多数新生儿牙床上有米粒大小或绿豆大小的白色突起物，它就是人们常说的"马牙"，是胎儿的一部分牙板角化形成"上皮细胞珠"，存在于牙龈的黏膜上，对宝宝无伤害，不需要做任何治疗，因为它会随着日龄的增长自动消失。有些老人认为"马牙"不祥，应该去掉，因此有些爷爷奶奶习惯于"挑马牙"，于是采取恶治的办法，如用粗布蘸盐去擦拭口腔，或用缝衣针去挑破"马牙"。殊不知这样做所造成的危害很大。因为婴儿的口腔黏膜很薄，血管的分布很丰富，如发生破口很容易引起感染，甚至因此演变成败血症。所以，千万不要去挑"马牙"！

 **"先锋头"与头颅血肿**

初生的婴儿往往不如想象中的那样漂亮，尤其是头形，多数是长长的、不对称的，头顶上顶着的大鼓包，我们把它叫作"产瘤"，又称这种头形为"先锋头"；一些新生儿有的还会在头顶的一侧或者双侧出现1~2个大包，这种情况叫"头颅血肿"，虽然这些情况都不需要特殊治疗，但怎么辨别呢？

名称	表现	如何应对
先锋头	胎儿在分娩过程中随着阵阵的宫缩，头部受到产道的挤压，使颅骨发生顺应性变形，被挤压伸长。同时，也由于挤压而造成先露部分头皮水肿，用手指轻压水肿部位会呈现可凹陷性鼓包，临床上称其为产瘤。	一般于出生后一两天自然消失。对新生儿健康无影响，不需要进行处理。
头颅血肿	有时可以看到一些新生儿的头顶一侧或双侧顶骨凸起一个鼓包，其大小在枣子到苹果之间的大小范围内不等。摸上去能发生轻微形变，并且婴儿不会感觉到疼痛。鼓包不跨过骨缝，这是由于在娩出经过产道过程中，颅骨骨膜下血管破裂出血而导致的。	积血一般在40天左右钙化，形成硬壳，3~4个月才能渐渐被吸收，因此头颅血肿也不需要治疗。在此期间，要注意宝宝头部清洁，可以洗头洗澡，但不要用手揉搓鼓包，更不要用空针穿刺抽血。如果血肿突然增大，或伴有宝宝发热，这可能是继发感染了，应立即去医院就医。

 产伤性骨折

这是分娩中引起的骨折，最常见的为锁骨骨折、臀部侧面损伤导致运动不自如甚至失去运动能力，触及骨头时会产生摩擦音，3~5天后由于骨头之间长时间触及会产生骨痂，以X线照射可进行确诊。利用简单的复位固定，3周左右即可使患部愈合。除此之外，尚可见的还有上肢肱骨骨折、下肢股骨骨折、颅骨骨折等，但这些情况相对来说较为少见。

螳螂嘴

"螳螂嘴"，即新生儿口腔两侧颊黏膜的隆起。它是口腔黏膜下的脂肪组织。每个新生儿都有"螳螂嘴"，只是大小程度不同罢了，它属于正常的生理现象，随着吸吮期的结束，就会慢慢消失，无须对其进行特殊处理。有些经验略微丰富的老人会告诉年轻的爸爸妈妈"把它去掉就能增加宝宝的食欲"，这是不科学的。采用一些不妥的手段来去掉"螳螂嘴"，会导致宝宝口腔感染，使宝宝痛苦不堪，反而影响了正常的喂养。

"假月经"和"白带"

初生女婴会出现阴道流血，有时还有白色分泌物自阴道口流出。这是怎么回事呢？这是由于胎儿在母体内受到雌激素的影响，使得胎儿的阴道上皮增生，阴道分泌物增多，还会使子宫内膜增生。胎儿娩出后，雌激素水平下降，子宫内膜脱落，阴道就会流出少量血性分泌物和白色分泌物，这一般发生在出生后3～7天，并且持续一周左右，被一些人称为"假月经"和"白带"。因为这些都属于正常生理现象，所以爸爸妈妈不必惊慌失措，对此也不需进行任何治疗。

皮肤色斑

青斑

多见于骶尾、臀、手足、小腿等部位，呈蓝灰色，形状大小不一，不在皮肤上发生隆起，无不适感。这是由于皮下色素细胞的堆积，又称胎斑或胎记，不需要治疗，多于5～6岁时自行消失。

红斑

为云状红色痣，又称毛细血管瘤。常见于眼睑、前额以及脖颈后部，这是由接近皮肤表面的微血管扩张所致，大约1岁左右可消失。

草莓状痣

表面似草莓状且凹凸不平，医学上称为草莓状血管瘤，当宝宝6个月时会长得很大。但是家长可以不必太过担心，因为这种症状都会随宝宝长大而颜色变浅，甚至消失。有的宝宝在3岁左右这种症状会消失，即使这种症状没有消失也可以对其采取相应的治疗。不提倡对新生儿期的宝宝进行治疗，当然影响发育的特殊部位除外。

牛奶咖啡斑

牛奶咖啡斑顾名思义是呈牛奶咖啡色、大小不等的斑块。常在宝宝四肢或躯干能见到，虽然少数几块对宝宝健康不会造成什么危害，但是如果数量很多，则应到小儿神经科及时就诊。

⬆ 对于宝宝身上出现的皮肤色斑，有些不需要治疗，有些则要及时就诊。

 **体温不升**

由于新生儿神经中枢的体温调节部分尚未发育完全，体表面积相对较大，皮下脂肪层略薄、血管丰富，保温能力较差，因此容易进行散热。遇到吃奶不足，外界温度偏低或有疾病的情况时，即表现出体温不升的症状。尤其是早产儿、低出生体重儿、出生时合并窒息的新生儿，以及有其他异常情况的高危新生儿更容易出现体温不升的症状。正常腋下体温36～37℃（肛温36.2～37.8℃），这种体温不升的症状表现为测体温常在35℃以下，我们称之为低体温。

脱水热

喂养不足或居室温度过高时，新生儿进行的蒸发性散热增加以致脱水症状产生，并由于脱水发生脱水热。体温腋温超过37℃或肛温超过37.8℃的症状称为发热，新生儿对热的耐受性差，如果体温超过39℃以上并持续较长时间，不仅会引起高热抽风，还可能会导致永久性脑损伤，甚至遗留下神经系统后遗症。条件允许的话，妈妈尽量不要选择在家分娩，即使万不得已也不能将新生儿包裹得太厚，以防宝宝发热；如果妈妈选择在医院进行分娩，医护人员对新生儿的处理会相对恰当且及时。

 生理性黄疸

大部分新生儿在出生后2～3天会出现皮肤、黏膜、眼睛白眼球发黄，4～5天黄疸加重，可能会延伸到躯干和四肢近端，但7～10天症状减轻并逐渐消退。在此期间除了黄疸的出现以外，孩子精神好、吃奶香，大便没什么异常并且也没有其他异常症状出现，便可以判断这期间的黄疸就是生理性黄疸。足月儿中有70%～80%都会出现此现象。生理性黄疸对新生儿的生长发育不会有任何不良影响，不必进行特殊治疗，所以家长不必对此太过担心。

很多父母对黄疸的出现会有疑问：怎么宝宝粉红粉红的脸一下子变黄了？

新生儿发生黄疸的原因与以下生理特点有关：（1）红细胞多，所以其被破坏后产生的胆红素多；（2）肝脏功能尚未完善，参加胆红素代谢的肝脏酶的量较少且活性较差，胆红素到肝脏后转变成结合胆红素并排出的过程受影响；（3）胆道排出胆红素的功能也尚未完善；（4）胎便黏稠，由大便的排泄排出胆红素的过程受影响。由于上述生理因素以及其他可能存在的因素，导致胆红素在体内堆积，但7天后随着宝宝各项生理功能逐步完善，新生儿黄疸也随之减轻并消退。

 病理性黄疸

病理性黄疸一般在新生儿出生后12～24小时出现；黄疸程度较重的，呈较为鲜亮的黄色，包括四肢在内的皮肤甚至手心、脚心都是黄的，尿也很黄，会染黄尿布；在消退超过两周或消退后又再次出现；在此期间，孩子表现出精神状态欠佳，吃奶不香，吸吮时口松无力，甚至抽风，因此一定要在出现黄疸早期时就到治疗条件好的儿科进行诊断和综合治疗。

因此，一旦发现新生儿黄疸出现得早、黄染严重、黄疸程度发展得快、皮肤黄染范围大，如扩展到四肢甚至手脚心，就意味着病情严重，如果延误治疗就会发生核黄疸，则可能造成新生儿神经系统受到不可逆转的损害。所以，发现新生儿患重症黄疸必须及早到有良好治疗条件的儿科去进行综合治疗，包括必要的换血治疗。特别是要注意早产儿发病应及时治疗。

 ## 母乳性黄疸

"母乳性黄疸"是指与母乳喂养有关的特发性黄疸。在临床上有些母乳喂养的新生儿黄疸出现得虽然不早，但持续不退，并且一周后逐渐加重，2～3周达到高峰，可持续数周到数月之间，但婴儿基本情况良好，体重、身长正常增长。黄疸程度以轻度（血清胆红素<205μmol/L）至中度（205～342μmol/L）为主，重度（≥342μmol/L）较少见，以未结合胆红素的升高为主，肝脏不大，肝功能、乙肝HBSAg（-）、血红蛋白及红细胞值正常，停喂母乳48～72小时黄疸即明显减轻，再吃母乳会使黄疸加重，但不会达到原来的严重程度。具有以上临床特点的病症被称为"母乳性黄疸"。母乳性黄疸的病因至今尚未明确，研究者认为这与新生儿胆红素的肝—肠循环增加有关。

母乳性黄疸在得到确诊后无须特殊治疗（轻中度者），有专家认为应适当增加哺乳次数且每次的量不宜多，同时密切观察胆红素升高情况。当胆红素升至216～273μmol/L时，应暂停母乳喂养48～72小时，改喂配方奶。暂停母乳喂养后胆红素水平降至安全范围，便可恢复喂母乳，此时胆红素浓度有轻微的升高，而后逐渐下降，停母乳期间要定时将母亲乳房内的母乳吸出，以维持母乳正常分泌。

对于重度母乳性黄疸的婴儿，建议停母乳改配方奶粉并到儿科进行照射蓝光治疗，同时可以服中药退黄汤。

轻度黄疸不需要治疗。

 **硬肿症**

在条件较好的医院出生的新生儿出现硬肿症的情况已经很少见了，即使出现，程度也是比较轻的，且多发生于早产儿，以出生后一周内的早产儿较为多见。硬肿症的出现与出生时及出生后环境温度过低、受到寒冷造成的损伤有关，如果存在早产、产伤、窒息、感染等因素的高危新生儿，再加上保暖不好和喂养不足，都可能会出现此病症。它主要表现为全身皮下脂肪聚集的部位皆出现硬肿，摸上去的感觉如摸着硬橡皮般，常见于臀部、肩部、四肢、面颊等。还会出现体温不升（在35℃以下）的症状，重者全身发凉，反应速度明显变慢，哭声弱，吸吮无力，心率、呼吸亦减慢，易发生肺及消化道出血、感染及各器官功能衰竭等，如不及时治疗将会危及宝宝的生命。但是新生儿硬肿症只要做好下述的预防即可。

首先要加强孕期保健，尽量避免早产。其次在寒冷季节要注意对新生儿的保暖。如果是低体重早产儿或出生时有窒息状况发生，在出生时就应该在事先预热好的辐射保温台上对其进行体检并采取相应措施。新生儿被抱出产房后应放在暖箱保暖并观察。暖箱温度以30～32℃为宜。也可放在远红外线辐射台上，使患儿的体温维持在36.5℃左右。如不具备上述的保暖条件，也可用预先热暖好的包被将新生儿包裹起来，且在包被周围放上热水袋。热水袋外边用毛巾包裹，使得手摸上去不烫，热水袋的盖一定要拧紧，经检查无误才能放置于包被外。要记得定时更换温水，在保证包被温暖的同时切勿发生烫伤。除此之外，把孩子搂抱在怀里，也是很好的保暖措施。喂养方面，要保证足够的能量摄入，吸吮力差者，可用滴管或鼻饲将母乳滴入或用空针管轻轻注入鼻饲管。不能接受喂养的婴儿，应在医院进行静脉注射点滴营养液。

破伤风

新生儿破伤风是由破伤风杆菌感染所致的抽风，多在感染后4～6天发病，故民间俗称"四六风"。

它多发生于未经消毒的急产，破伤风杆菌从脐带断端进入新生儿机体内，在体内繁殖到一定数量，放出足够致病的毒素，新生儿便开始发病。所以，未经消毒便接生的新生儿应到医院进行破伤风抗毒素预防注射。

发病时宝宝表现为不会吃奶、嘴张不开、哭声细小、面部呈"苦笑面容"，继而延伸为全身肌肉抽搐、脖子后仰、四肢挺直、呈角弓状向身后张开。严重时，喉头痉挛导致缺氧，皮肤呈青紫色，抽搐持续1～2分钟后方才缓解。更严重者会持续抽搐，若是抢救不及时，会引发死亡。

对破伤风，要立足于预防。有感染可能或已经感染者，应立刻送医院治疗处理，及早注射破伤风抗毒素，并对症下药。

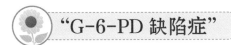

"G-6-PD 缺陷症"

新生儿"G-6-PD缺陷症"是由于新生儿红细胞内缺乏一种糖代谢所需要的酶即红细胞葡萄糖-6-磷酸脱氢酶，属于遗传性缺陷，所引起的以溶血性贫血、黄疸、肝脾肿大为主要症状的疾病，称为"G-6-PD缺陷症"。该病多见于南方人，北方人较为少见。这种病的诱因有：新生儿感染、缺氧，使用过维生素K_3、K_4，接触过在衣柜里放有樟脑球的衣被，或母亲临产前服用过磺胺类药、退热剂，甚至是母亲吃过蚕豆等。

此病的主要表现就是黄疸，多在出生后24～72小时内出现，持续时间长，程度重，严重者可能引发并发症核黄疸。判断方法为家族中是否有药物性溶血或蚕豆黄病史，家庭其他成员在新生儿期是否有严重黄疸史，其筛选的主要方法为进行高铁血红蛋白还原试验。

要减少此病的发生主要在于预防，尽量避免诱因触发，控制感染的发生，勿接触上述能引起此病症的物质及药物，并且以后不能给宝宝食用蚕豆及其制品。如发生病理性黄疸，治疗方法同黄疸治疗方法一样，即用蓝光灯照射皮肤，必要时静脉输白蛋白，口服茵陈黄液退黄中药等。

南方人红细胞葡萄糖-6-磷酸脱氢酶缺乏者较多，因此引起的新生儿病理性黄疸的发生率较高；而北方人此酶缺乏者很少，且由于此酶缺乏导致新生儿病理性黄疸的发生者也很少，所以对于此病是否会发生在自家宝宝身上的问题不必太过紧张和盲目地在类似症状出现时大惊小怪。

妈妈乳头凹陷，怎么给宝宝喂奶

妈妈如发现自己乳头凹陷，在怀孕后期，也就是从怀孕32周后起就应在每日清洗乳房的同时，轻轻地牵拉乳头，并且可在乳头上涂抹一些润滑油，使乳头变得突起且在日后哺乳时不易因婴儿吸吮而裂伤。只要每日坚持，乳头凹陷是可以矫正的，但一定要切记，如有阴道流血或早产先兆则不宜进行上述矫正方案。

若婴儿出生后，乳头凹陷仍未矫正，喂奶的时候，可先用食指和拇指在乳头旁将乳头轻轻提起，尽量将乳头及乳晕一起送入婴儿的口中，直到婴儿吸住乳头后再松开捏着乳头的手。也可用吸奶器将乳汁吸出，再装入奶瓶喂给婴儿，多次有效地吸吮及吸奶器负压的牵引，会将内陷的乳头逐渐吸出，可以达到正常哺乳状态。

 ## 妈妈患乳腺炎时，怎么给宝宝喂奶

发生乳腺炎的主要原因是由于乳腺导管不通畅，乳汁郁积，从而引起细菌侵袭导致感染。当乳房肿胀、有乳核形成时，并不影响宝宝继续吃奶，因为宝宝有力的吸吮动作可以起到疏通乳腺导管的作用。

为预防乳汁郁积，每次喂奶时，应先吸吮患侧，再吸健侧。如果炎症很厉害，已经形成脓肿，应将乳汁挤出或用吸奶器吸出，

⬆ 当妈妈患乳腺炎很厉害时，可以将乳汁挤出来经消毒后再喂给宝宝。

经消毒后再喂给宝宝。在选择使用抗生素时，一定要选用那些不经乳汁排泄，并且对宝宝无害的药。只要认真坚持母乳喂养，乳腺炎发生的概率就会大大降低。一旦发生乳腺炎也不必轻易采取回奶的措施，应请医生进行诊治无误后，再继续哺乳。

妈妈患感冒时，怎么给宝宝喂奶

妈妈患感冒是不影响哺乳的。上呼吸道感染很常见，母亲患感冒时，其实早已可能通过母婴之间的接触把感冒病毒传染给了宝宝，即便是停止哺乳对已经患上的感冒也无济于事。相反，坚持哺乳，反而会使宝宝从母乳中获得相应的抗体，增强其抵抗力。妈妈在患重感冒时，应尽量减少与宝宝面对面的接触，可以戴口罩，以防呼出的病原体直接进入宝宝的呼吸道。妈妈的感冒不是很严重时，可以多喝开水或服用板蓝根、感冒清热冲剂来进行缓解，如果病情较重需要服用其他药物，应该向医生说明，并遵医嘱服用对宝宝身体健康无不良影响的药物。

妈妈"澳阳"时，能给宝宝喂奶吗

妈妈澳抗阳性即乙肝表面抗原呈阳性在人群中约占10%，近年还有增长的趋势。母亲澳抗阳性能不能哺乳，成为许多人关注的问题。

我们要知道单纯的澳抗阳性是不具有传染性的，自然也不存在会传染给宝宝的问题，可以对宝宝进行母乳喂养。

哺乳妈妈用药禁忌

如果哺乳妈妈因病需要用药时，应使用对宝宝无害的药物。对于禁忌药物及有潜在危险的药物应尽量避免服用，对于基本安全的药物，在具体用药时还应向医生咨询，根据医嘱用药或暂停哺乳。

禁忌药物

有些药物妈妈在哺喂期间不能使用，如果为了妈妈早点能恢复健康必须要使用这些药物时应停止哺乳。这些药物包括：抗癌药物、溴化物、可卡因、碘化物、抗凝血剂、放射性同位素类药物以及大量水杨酸。

即便不是绝对禁止乳妈妈使用，但也应慎用，或尽可能避免使用。氯噻酮、西咪替丁、洁霉素、宝宝巴唑、呋喃呾啶、苯巴比妥、利血平、长效磺胺类等药物。

⊕ 哺乳的妈妈用药要特别谨慎，最好遵医嘱服用。

相对安全的药物

普通剂量且相对安全的药物，往往是乳妈妈最常选用的药物：如扑热息痛、头孢霉素、地高辛、红霉素、肝素、胰岛素、利多卡因、硫酸镁、甲基多巴、甲基麦角新碱、麻醉剂、青霉素、胺茶碱、甲状腺素、灭滴灵、柳胺卡心啶、万古霉素等。

宝宝乳房大流奶水，怎么办

正常新生儿，无论男女，在出生后一周左右会出现双侧乳腺肿胀，大的如半个核桃般大小，小的如蚕豆，有的还分泌乳汁。这是因为在胎儿时期，胎儿体内存在着来自母体的一定量的雌激素、孕激素和催乳素。出生后，来自母体的雌激素和孕激素的供给被骤然切断，使催乳素作用并释放相关因子，刺激乳腺增生，一般2～3周可自行消退，不需要处理。有的家长认为把乳汁挤出来就好了，这样做是很危险的。因为挤压会使乳头受伤，进而细菌侵入，引起乳腺炎，甚至得败血症，危及新生儿的生命。

宝宝漾奶，如何防止误吸

溢乳即漾奶，是新生儿常见的现象，就好像孩子吃多了，有时顺着嘴角向外流出，有时一打嗝就吐奶，但通过仔细观察发现宝宝精神良好，吐奶时无痛苦表现，这种情况一般都属生理性所需，与新生儿的消化系统尚未发育成熟及其解剖结构特点有关。正常成年人的胃都是斜立着的，并且贲门的肌肉与幽门一样发达，而新生儿的胃容积小，呈水平状态，幽门（下口）肌肉发达，收缩紧，贲门（上口）肌肉不发达，收缩松。这样，当宝宝吃得过饱或吞咽的空气较多时就容易发生溢乳，它对宝宝的成长无影响。只要每次喂完奶后，竖抱起宝宝轻拍后背，把咽下的空气排出来，睡觉时尽量让宝宝头垫得稍高且转向右侧躺卧，就会减少溢乳的发生。更重要的是侧卧的姿势，可预防奶汁被误吸入呼吸道并由此引起窒息的发生。

为了防止喂奶时宝宝睡着，头和脸被压歪，第一次喂奶后应让宝宝向着右侧躺卧，第二次喂奶后应让宝宝向着左侧躺卧。这两种躺卧姿势可避免误吸奶汁入呼吸道的危险发生，一旦发生呛奶，立即让宝宝的脸部向下，稍稍让宝宝侧身，并轻拍宝宝后背，让宝宝将吸入的奶汁吐出。

一放屁就崩屎花，是腹泻吗

正常新生儿在出生后2～3天内排泄黑绿色大便，我们称为胎便。到了2～3天是黑黄夹杂的过渡便；3～4天后变为黄色便。纯母乳喂养的婴儿的大便呈金黄色，是稀稀拉拉，不成形的软便，每天5～6次。婴儿放屁很多，一放屁，肛门上会有少许软便，这是正常的现象，妈妈不必紧张。混合喂养的婴儿的大便，是金黄色和浅黄色大便混杂的，妈妈常常把浅黄色

大便当成奶瓣，认为是消化不良，因此带着宝宝反复进出医院找医生进行治疗；纯牛奶喂养的婴儿的大便呈浅黄色，每天1～2次。偶尔也有在大便中夹杂少量奶瓣，呈绿色，这些都是偶然现象，只要孩子吃奶香，精神佳，可继续观察不必采取什么特别措施。如果出现水样便、蛋花样便、脓血便、柏油便等则表示孩子可能生病了，应及时用合适的容器将宝宝刚拉出来的大便取样，并带到医院进行化验检查，在医生指导下进行针对性治疗。

聪明宝宝智能开发方案

新生儿的行为能力

出生前的神经行为能力

新生儿的神经行为能力是胎儿能力的体现和发展标准。研究证实：

① 胎儿在3个月时具有感觉和触觉，4个月时有冷觉，5个月时有温热觉，6个月时有苦、甜味觉，7个月时有嗅觉。

② 胎儿在4个月时开始有听觉，6个月后趋于成年人的听力水平，但听觉尚未成熟且成熟得晚；7个月时有视觉。

③ 胎儿在3个月时有运动觉且具有类似蝌蚪运动行为的运动能力；5个月时具有自我感觉较为清晰的呼吸、吞咽、排尿功能；6个月后能感知母亲的喜、怒、哀、乐，并能对母亲情感变化做出相应的反应；妊娠后到了晚期时的胎儿已经具有初浅的记忆能力。

新生儿的行为能力

视觉定向反应

能随人脸或红球的移动而转眼转头，目光追随人脸或红球。

听觉定向反应

对人的呼唤声或塑料被弄响的声音能转头寻找并追随声源。

竖头能力

双手水平环抱小儿胸部，使其呈坐姿，小儿颈部屈伸肌肉能收缩，维持头部呈竖立姿势1~2秒。随月龄增长竖头时间增加。

觅食反射

用手触及宝宝面颊，宝宝会出现转头及准备或者立即吸吮的动作，叫作觅食反射。

握持反射

使宝宝呈仰卧姿势，以双手食指从宝宝虎口处插入手掌，宝宝有抓握反应。具体表现为宝宝紧紧抓着你的双手食指，并且能明显感受到抓握很有力量。

牵拉反应

在做抓握反射试验的基础上，试验者提高双食指，宝宝仍紧紧抓握并屈曲上肢，使自己身体完全离开原先所待的床面。

拥抱反射

以双手食指从虎口处插入宝宝手

⬆ 新生儿已具有明显的抓握能力。

掌，宝宝紧紧抓住你的双手食指，拉起宝宝上身与床面成15°角，突然放手，宝宝双臂出现外展然后内收的反射，叫拥抱反射或惊吓反射，又叫MORO反射。

支持反应

双手分别扶在宝宝腋下，使宝宝呈直立姿势，新生儿下肢和躯干主动收缩以支持身体重量，并维持几秒钟。

自动踏步

进行上述的支持反应试验后，使宝宝的脚接触到硬的床面即可引出宝宝做自动踏步动作。

匐行

初生婴儿具有自动翻身呈侧卧位的能力；俯卧姿势时，具有往前匐行的能力以及抬头和左右转头的能力。

觉醒—睡眠周期

新生儿有6个状态：深睡；浅睡；瞌睡；安静觉醒；活动觉醒；哭。各个状态按顺序轮流发生的正常周期为45～50分钟。

上述能力是宝宝与生俱来的行为能力，是无社会性意义的原始反射，随着月龄增长，有些反射会减弱并消失，如握持、惊吓、觅食、踏步等反射如果持续存在反而是不正常的。对翻身、抬头、匍行等反射，若是能够及早训练，会促进运动知觉的发展，成为以后的社会性行为。

IQ和DQ

IQ（Intelligence Quotient，IQ）即人们通常所说的智商，是个体智力发展水平的一种指标，有一定的稳定性且受环境和教育的影响。在良好的环境下，受到良好的教育，可以得到良好的发展。反之，疾病、营养不良、环境恶劣及教育不良等会使IQ水平下降。

DQ（Development Quotient，DQ）叫作发育商，婴幼儿智能通常用DQ表示，其公式是：DQ=（智龄/实际月龄）×100%。

目前，国内用于婴幼儿智能测查的方法有：丹佛发育筛选量表、格塞尔测评量表、儿心测评量表、韦氏测评量表等。

需要强调的是，智能测评的目的是：（1）及早发现异常，在宝宝脑发展的关键期，不失时机地帮助孩子赶上去，叫作"早期干预"；（2）发现优势和超常项，帮助宝宝发挥优势和在超常项得到发展，若发现不足项应帮助宝宝迎头赶上；（3）给宝宝制定具有针对性、个性化的教育训练方案。最终，使每个出生正常的婴儿都能在正常成长的基础上发挥优势和发展其超常项，使每个高危婴儿都能相对理想地成长和发展，让每个婴儿都能有最佳人生起点！

EQ培养

EQ（Educational Quotient，EQ），EQ（情商）被认为是个体的重要的生存能力，是一种发掘情感潜能、运用情感能力影响生活各个层面和人生未来的关键的品质因素。那么，要想对宝宝进行EQ的早期开发和培养应该从哪些方面下手呢？

自信心

自信心是人们成功的必要条件，也是EQ的重要内容。要培养宝宝的自信心，要让宝宝知道，不论什么时候，不论有何目标，都要相信通过自己的不懈努力与坚持都能达到，要从宝宝的人生一开始就进行相关培养。

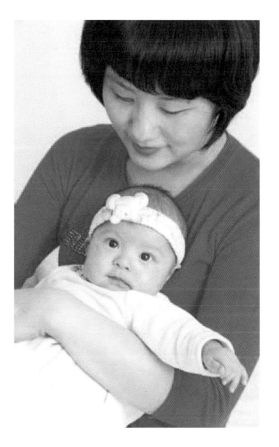

好奇心

婴幼儿的好奇心一般都比较强，会对身边的许多事情都感兴趣，都想亲自动手去摆弄一二来弄个明白。作为爸爸妈妈，一定要关注和认可宝宝的这种好奇心，要知道它是宝宝主动认识世界的动力源泉。

自制力

要培养宝宝善于控制和支配自己行为的能力，善于控制自己出现不当行为的能力。

人际关系

要培养宝宝与其他人友好相处的性格，要懂得如何认可、欣赏他人的美与好。符合二胎生育家庭的新宝宝，可以有意识地培养其与哥哥（或姐姐）友爱相处，让他们学会关爱和分享。

情绪

要让宝宝有一颗活泼开朗、对人热情并且经常保持愉悦心情的心，在遇到挫折时，善于调整自己的心态来乐观面对眼下和往后生活中的种种困难，甚至坎坷。

同情心

有同情心的宝宝才能与别人在情感上产生共鸣，这是培养宝宝爱人、爱物的基础。

早教益智游戏方案

大动作智能

亲子游戏 练习抬头

游戏目的：

　　锻炼宝宝颈部、背部肌肉，促使宝宝能早抬头，也有助于宝宝视觉和空间知觉的发展。

游戏玩法：

*竖抱抬头

STEP1　在宝宝吃奶之后，竖着抱宝宝让宝宝将头部靠在家长的肩上，轻拍几下宝宝的背部，使其打个嗝以防吐奶。

STEP2　不用手扶住宝宝的头部，让宝宝头部自然直立片刻。每日4～5次，有利于颈部肌肉张力得到锻炼。

*俯腹抬头

STEP1　宝宝空腹时，卧着或躺着并将宝宝放在家长的胸腹前。

STEP2　使宝宝自然地俯卧在家长的胸腹部之间，让宝宝以两臂肘部支撑使胸部以上的身体屈曲，此时用双手轻轻按摩宝宝背部，促使宝宝抬头。

STEP3　给宝宝按摩既可以让宝宝开心，也可促使宝宝自然而然地抬头，宝宝头部不能稳稳地抬起来，在慢慢且努力将头抬起来的过程当中颈部肌肉得到锻炼，使颈部肌肉关节屈伸的能力得到提高。

*俯卧抬头

STEP1　两次喂奶中间，引导宝宝由仰卧到俯卧于平板床上，双肘屈于胸前。

STEP2　抚摩宝宝背部，或用图片逗引宝宝抬头并使其向左右两侧转动头部。

精细动作智能

亲子游戏 抓握学习

游戏目的：

促进宝宝手部肌肉与关节的发育及灵活，丰富手指触觉感受刺激，提高手的抓握能力。

游戏玩法：

STEP1 用妈妈温暖的双手，给宝宝做手部按摩，通过双手按摩传递母爱。

STEP2 轻轻抚摩宝宝的双手手心，令宝宝的双手张开，继而按摩手心手背及各个手指。

STEP3 不断引起宝宝抓握反射，锻炼宝宝的小手能握住你的手指不放开。

STEP4 使自己的手在宝宝手中停留片刻后放开。手的被动抓握反射是满月前这个月的特点，满月后宝宝则应能由做出握拳状到放开手的动作，如果宝宝仍然紧握拳头，则应对其仔细观察。

语言智能

亲子游戏 逗引发声

游戏目的：

用一些方式引起宝宝开口的兴趣使宝宝能自发细小喉音，并熟悉爸爸妈妈的声音。

游戏玩法：

STEP1 在宝宝啼哭之后，试着发出与宝宝哭声相同的声音。

STEP2 这时宝宝会试着再发声，并以几次回声来应答，慢慢地宝宝便会喜欢上这种游戏似的叫声，渐渐地学会了叫喊而不是哭。

STEP3 家长也可以把嘴张得大大的，用"啊"来代替哭声诱导宝宝进行对答，渐渐地宝宝能发出第一个元音"啊"。

STEP4 如果宝宝无意中出现另一个元音，无论是"啊"或"嗷"，都应予以肯定，用赞扬的语气来回应宝宝使其得到巩固强化，并且记录在成长日记中，成为宝宝语言发展的阶梯表，让家长和未来的宝宝都能够记住宝宝学习语言中获得的每一个喜悦。

亲子便利贴

（1）家长发出的逗引声音不要太大，只要能达到引起宝宝注意的响度即可。

（2）与宝宝交流时，家长要面带笑容，表情稍微带一点夸张，且语调温柔、愉悦，富有表现力和感染力。

音乐韵律智能

亲子游戏 感受音乐

游戏目的:

通过音乐韵律开发右脑无限的潜能和创造力,培养注意力并引发愉悦的情绪,还能培养宝宝对音乐韵律的感受与兴趣。

游戏玩法:

STEP1 站着将宝宝抱在胸前,使宝宝的头倚靠在妈妈的肩上。

STEP2 播放优美动听的音乐,或者妈妈轻轻哼唱歌曲。

STEP3 抚摩宝宝的背、肩与四肢,再缓慢地随着音乐节拍有节奏地使自己的身子慢慢前后摇晃。

STEP4 让宝宝平躺在怀里,用一只手捧着宝宝的头,让宝宝与妈妈对视。

STEP5 妈妈随着音乐节拍缓慢且轻微地摇晃自己的脑袋,让宝宝尝试用目光跟随妈妈的头的晃动方向来移动。

> **亲子便利贴**
>
> 在音乐选择上,应以C调的音乐为主,基调轻松、活泼、明快,以不带歌词为佳。

空间知觉智能

亲子游戏 视听定向

游戏目的:

训练宝宝对声音和形状的视听定向反应,提高宝宝的视听觉辨别能力。

游戏玩法:

STEP1 在宝宝所睡的小床的上方,挂一些使宝宝感兴趣的能动的物体,最好是红色、绿色或能发出响声的玩具。如彩色的花环、气球等。

STEP2 每次挂一件,定期更换,注意对玩具的清洁。

STEP3 轻轻触动这些玩具,使玩具发生晃动或发出声响来引起宝宝的兴趣,令宝宝的目光集中到这些玩具上。

STEP4 每次几分钟,每日进行数次。

认知智能

亲子游戏 寻声注视

游戏目的：

启发宝宝的探索和认知能力。

游戏玩法：

STEP1 在宝宝面前悬挂色彩鲜艳或能发声的玩具。

STEP2 使玩具在宝宝视线内移动，从左到右水平移动，移动的幅度和移动频率为以宝宝转头追声的反应速度来定。

STEP3 可以将玩具进行从上到下垂直方向的移动。玩具移动至宝宝面前时，应将其推到距离宝宝眼睛20～30厘米处，然后逐渐移远。

STEP4 让宝宝注视，并使宝宝伴随着玩具发声，手脚都动起来。

亲子便利贴

（1）每次移动都要先回到起点，然后再向其他方向移动。

（2）玩具移动时，要慢且平稳，使宝宝视线追随的速度能够跟上玩具移动的速度。

（3）玩具向左、右、上、下移动的距离以宝宝的目光能够聚焦注视为宜。

人际交往智能

亲子游戏 宝贝笑吧

游戏目的：

有助于提高宝宝的注意力，给宝宝创造模仿学习的条件。

游戏玩法：

STEP1 将宝宝平放在床上，面对着宝宝用手在宝宝的胸前轻轻挠挠或进行抚摩，促使宝宝微笑。

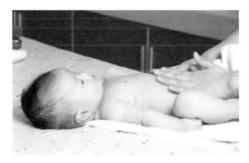

STEP2 观察宝宝的反应是否愉悦，是否发出细小的声音，或者微笑。

亲子便利贴

当宝宝第一次被逗笑时，切记要记录下日期，这可以成为宝宝心理发展的重要资料。被逗笑一般在出生后30天左右，20天出现"被逗笑"的宝宝的智力在同日龄的宝宝之中相对超前。在快乐的情绪中，各感官（眼、耳、口、鼻、舌、身等）最灵敏，接受能力也最好。40～50天仍不会被逗笑者，应继续对其密切关注，并对其之后的状况进行及时记录。

分类	项目	测试方法	通过标准	出现时间
大动作智能	抬头	让宝宝双手交叉在胸前俯卧抬头	能左右转头	第__月第__天
精细动作智能	抓握	给宝宝勺把、笔杆或手指	能紧握住10秒以上	第__月第__天
语言智能	发出喉音	和宝宝对视、说话，宝宝快乐时会发出喉音	发出微弱喉音	第__月第__天
逻辑—数学智能	感知大小	将大小球分别放在宝宝前方	宝宝对大小球有不同反应	第__月第__天
音乐韵律智能	听音乐	给宝宝听舒缓的音乐	情绪稳定或安静入睡	第__月第__天
空间知觉智能	视听定向	用特别的声音在距宝宝头部10厘米处引起宝宝的注意	会转头寻找声源所在	第__月第__天
认知智能	随声舞动（律动）	摆弄宝宝床前悬挂的色彩鲜艳或能发声的玩具	宝宝有反应，会随之手舞足蹈	第__月第__天
人际交往智能	逗笑	用手挠宝宝胸脯，宝宝能有回应性微笑	30天左右出现	第__月第__天

第二章
第2个月

生长发育月月查

 身体发育指标

初生时	男孩	女孩
身长	55.3～64.9厘米，平均60.1厘米	54.2～63.4厘米，平均58.8厘米
体重	4.6～7.5千克，平均6.0千克	4.2～6.9千克，平均5.5千克
头围	37.0～42.2厘米，平均39.6厘米	36.2～41.0厘米，平均38.6厘米
胸围	36.2～43.4厘米，平均39.5厘米	35.1～42.3厘米，平均38.7厘米

 智能发展水平

◎ 俯卧着能抬头
◎ 触碰到手有抓握反射
◎ 能注视亲人
◎ 能注视自己的小手
◎ 能明显地笑并发出声响

➡ 现在的宝宝已经能明显地笑了。

养育也要讲科学

◎ 继续丰富感官对感觉的认知与学习（抚摩、对话、对视等）。

◎ 练习俯卧姿势抬头，每天至少2次，每次半小时。

◎ 继续借助外界的一些刺激如令宝宝感兴趣的声音或者物件等练习发音。

◎ 让宝宝能自主地且较之前来说时间稍长地注视自己的小手。

◎ 训练规律的生活习惯。

◎ 开始帮助宝宝以正常的姿势把大小便。预防尿布疹。

◎ 让宝宝进行适当的户外活动，坚持日光浴（弱阳光）、空气浴、水浴。让宝宝能每天做一套婴儿体操，促进体能发展。

◎ 合理搭配营养，坚持母乳喂养，预防肥胖症。

人工喂养

如果因为喂养方法不当或因母亲有病不能用母乳进行喂养，不得已用牛奶或配方奶粉哺喂婴儿的喂养方法称为人工喂养。现在人工喂养常采用的是配方牛奶制品。选择人工喂养应注意以下几点：

① 在用哺喂配方奶粉喂养婴儿之前，妈妈应当仔细阅读奶粉说明书。

② 要注意对奶具的消毒，奶瓶、奶嘴及盛奶容器等的清洁消毒十分重要。每次用后应立即清洗干净，并用沸水煮或用微波炉消毒后备用。配制乳品前应洗净双手。奶嘴孔大小的选择，以将奶瓶倒立时奶汁仅能连续滴出为宜，市面出售的奶嘴多数已有孔。温度以将乳汁滴于手腕内侧不烫手为宜。

③ 喂奶量没有严格限制，配方奶粉的包装瓶或袋上都有相应说明。由于不同的宝宝生长发育的状况不同，所以宝宝间每次对吃奶的需求量存在一定差异，如果死搬硬套说明书上写的每次常规奶量来哺喂宝宝，就可能出现孩子吃奶量达不到或者超过说明书所写的每次常规奶量。妈妈们应根据自己孩子的精神状态、睡眠状况、大小便的量及其整体生长发育状况等，慢慢地摸索出适合自己孩子的

喂奶量、次数、配奶比例等。人工喂养的原则是宝宝吃得不要过饱为宜。

🌻 混合喂养

混合喂养是指如母乳分泌不足或因工作原因白天不能进行哺乳，需加入使用其他乳品或代乳品来进行喂养的一种喂养方法。它虽然没有纯母乳喂养得好，但还是优于纯人工喂养，尤其是在产后的头几个月内，不能因母乳不足而彻底放弃母乳喂养。

① 混合喂养时，应每天按时来进行母乳喂养，即先喂母乳，再喂宝宝乳品，这样可以保持母乳正常分泌。但其缺点是因母乳量少，婴儿吸吮时间长，易疲劳，可能没吃饱就睡着了，或者总是不停地哭闹，这样每次喂奶量就不易掌握。除了定时母乳喂养外，每次喂奶时母乳哺喂应不超过10分钟，然后喂配方奶粉。注意观察此次喂奶后婴儿能否坚持到下一次喂奶时间，不会因为肚子饿而哭闹。

② 如母亲因工作原因，白天不能进行哺乳，加之乳汁分泌亦不足，可在每日特定时间哺喂，一般不少于3次，这样既保证母乳分泌充分，又可满足婴儿每次对母乳的需求量。其余的几次可给予宝宝乳品，这样每次喂奶量较易掌握。

③ 如果宝宝一直吃母乳，到了混合喂养时会对乳头出现偏爱，从未吸吮过橡皮奶嘴，当用橡皮奶嘴喂宝宝时，宝宝就会因不习惯而产生哭闹，拒绝进食，这是母亲最无奈的事，发生这种情况时应在喂奶前给宝宝揉揉口唇，再立即喂奶会使得此不良情况得到改善。

④ 注意混合喂养时奶粉配制方法，奶具的消毒办法同人工喂养消毒办法一样。

市面出售的各种品牌的婴儿奶粉含有丰富的营养素，包括蛋白质、乳糖、脂肪酸、维生素、矿物质及微量元素，包装上会注有不同年龄段小儿奶粉用量和调配方法，喂前家长应仔细阅读。

🔵 家长在为宝宝选择奶粉时要仔细阅读说明，以免选错奶粉。

宝宝睡眠周期

刚刚出生的婴儿每天有18～20小时处于睡眠状态中，只是在饥饿、尿布浸湿、寒冷或者有其他干扰时才醒来。2～3个月的宝宝白天睡觉3～4次，每次睡1.5～2小时，晚上睡10小时左右。也有少部分"短睡型婴儿"，即出生后不喜欢睡长觉或者睡眠时间没有一般婴儿多的婴儿。但如果宝宝精神好，吃奶香，就对宝宝以后的睡眠情况继续观察，因为每个孩子的具体状况都不一样。

新生儿的睡眠周期较短，约为45分钟一个周期。随着婴儿的不断成长，睡眠周期会逐渐延长。但是只要宝宝睡得踏实，醒后精神饱满，食欲正常，体重按月正常增长，妈妈对此就不必担心。

睡眠周期包括浅睡期和深睡期。一般处于深睡期的婴儿很少活动，表现平静，呼吸均匀，眼球也不转动；在浅睡期则有吸吮动作，面部表情也很多，时而微笑，时而噘嘴，时而又像是在做鬼脸，眼睛虽然闭合，但眼球在下眼睑内转动，四肢有时做像舞蹈一样的动作，有时伸伸懒腰或突然活动一下。这些正是宝宝在成长的表现，家人对此大可放心。

若新生儿出现烦躁不安、不易入睡，或睡后频繁惊醒，则说明宝宝的身体状况存在异常，需查找出现异常的原因。

宝宝睡不踏实，怎么办

宝宝睡得不踏实应看时间是白天还是夜晚。有的新生儿白天睡觉，夜间哭闹不眠。对这样的宝宝要尽量让其白天少睡觉，使宝宝感到疲劳，晚上自然能睡好。

通常宝宝无法安睡的原因无外乎饿了、热了、冷了、尿了、不舒服等。其中无法安睡是因为想吃奶则经常发生在新生儿时期和月龄在3个月之内的宝宝，这时需要进行哺乳或喂奶来解决。

要经常看看室内温度是否过高，或给宝宝包裹得太多。如果宝宝头上有汗，摸摸身上也是湿的，这就需要减少或松开包被。如果摸孩子的手脚发凉，则表示孩子是由于寒冷刺激而导致不眠，可加盖被子或放置热水袋在包被外给宝宝保暖。

也有些宝宝皮肤过分敏感，尿布湿了就发出声音仿佛在进行抗议一般，扭来扭去睡不踏实，此时应及时更换尿布。

稍大点的宝宝睡眠不好，可能与白天睡得太多有关，或与家庭日常生活规律的变化而引起白天过度兴奋、紧张有关，如出门走亲戚、换新的保姆、有陌生人到访……

睡前吃得过饱，或喝奶后没有打嗝排气而致腹胀等，也会影响宝宝的睡眠质量，在宝宝睡前给宝宝按摩、排气和调整饮食量，让宝宝不要吃得太多，即可使问题得到有效解决。

⬆ 家长要对症治疗，解除困扰宝宝睡觉的因素，让宝宝睡得安稳。

还有一种情况是，剖宫产（包括产钳助产）的婴儿存在一种"触觉防御过度综合征"，睡不踏实是最常见的行为问题，这种宝宝则需要进行触觉防御过度的调适治疗，如推拿按摩。

预防红屁股

尿布疹即"臀红"，又叫尿布皮炎，是由于潮湿的尿布不及时更换，宝宝娇嫩的皮肤长期受到刺激所致。患尿布疹时局部皮肤发红，或出现小丘突起型疹，甚至溃烂流水。对付尿布疹关键在于预防，勤换尿布是很重要的，尿布尿湿了一定要及时更换。有些家长怕影响宝宝的睡眠而不换尿布。其实宝宝睡在湿尿布上，由于尿酸盐的刺激，不仅容易发生尿布皮炎，而且不舒服，睡不安稳。尿布上的尿酸盐单用肥皂或水是洗不掉的，它可溶于开水，每次洗干净的尿布都应用开水烫或煮一下，这样尿布就会柔软、干爽了。

有的家长怕弄湿床铺，就在尿布外包一层塑料或垫一层橡皮布，这样做也不可取。如果有轻微的发红或皮疹，除了及时更换尿布外，更要保持宝宝臀部清洁干燥，每次宝宝大小便后应清洗臀部，用软毛巾把水擦干，再涂以3%鞣酸软膏或烧开了冷却后保存待用的植物油，每天都对宝宝臀部做到精心护理，不久红屁股就会痊愈的。

把大小便的窍门

大小便是天生的非条件生理反射，新生儿期排尿次数多且无规律性。随着宝宝的一天天长大，大小便次数减少，但尿量增加，出生后半岁以内的婴儿，每天大便3～4次，小便20次左右；半岁到一岁的婴儿，每天大便1～2次，小便15次左右。但家长如果细心观察，会发现小便的次数与进奶、水的多少有关，多数婴儿在大便时会出现腹部鼓劲、脸发红、表情发愣等现象。

尽早培养宝宝拥有良好的大小便习惯，不仅能使宝宝的胃肠活动具有规律性，而且有利于宝宝皮肤得到及时清洁，减少家长洗尿布的麻烦，还可训练宝宝膀胱储尿功能及括约肌收缩功能。因此，在满月后就应给宝宝把大便。首先，注意观察宝宝的生活规律，小便一般在睡醒及吃奶后及时把，但是不要把得过勤，影响妈妈和宝宝的休息。把便的姿势要正确，让婴儿的头和背部靠在大人腹部上，同时给予鼓励的信号刺激，如"嘘嘘"声诱导把尿，"嗯嗯"声引导大便的排出。刚开始时，宝宝不一定配合，但没必要每次把的时间过长，应慢慢地定时且加以训练，使宝宝形成定时排便的条件反射，注意是以培养良好的大小便习惯为目的。

摘掉"小手套"

为了防止婴儿抓脸或吃手，许多家长喜欢给婴儿戴上手套，其实这样做是弊多利少。手是智慧的来源，大脑的老师。手的乱抓、不协调活动等是精细动作能力提高与发展的过程。婴儿通过吃手，进而学会抓握玩具、咬玩具，这是心智发展的初级阶段，是一种认知过程，也是一种自我满足行为，为日后手眼协调打下基础。可是如果给宝宝戴上手套，可能会妨碍口腔认知和手的动作能力的学习与发展。新生儿生来就有握持的本领，可以经常让宝宝学习抓握，促使宝宝从被动握物发展到主动抓握，从而促进宝宝双手的灵活性和协调性的发展，这对大脑智力潜能的开发大有好处。

作为父母应每天清洗宝宝的小手，替宝宝勤剪指甲，鼓励宝宝尽情地用双手去玩耍、发现和产生好奇。宝宝懂得了手抓脸不舒服——痛，才懂得"还是不抓好"、"这是我的脸"，于是，改为用手背蹭脸，渐渐学会拿玩具玩耍。

有的家长听说戴手套不好，就盲目摘掉，采取更加严密的监护，双眼盯着宝宝的双手，一看孩子手动，立即用双手抓着宝宝的双手，不许孩子的手多动弹，这不仅会使宝宝不耐烦地哭闹，而且也把大人累得够呛，真是"眼累"、"手累"、"心也累"。这种爱护孩子的方法，实在是对孩子太缺乏理解和信任了。

 家长不要给宝宝戴手套，要让宝宝的双手自由活动。

四肢屈曲，要捆吗

正常新生儿的上下肢总是屈曲的，上肢如"W"形，下肢如"M"形，无论对其怎么捆绑，只要一松开，就立即恢复原状。不少家长误认为自己的宝宝腿不直可能是由佝偻病引起的，甚至担心以后会形成"O"形腿，于是就大量地给宝宝食用鱼肝油、钙剂等。其实，每个小婴儿的体态都是呈现"W"和"M"状的，随年龄增长而逐渐伸直，与佝偻病没有关系。家长切勿将婴儿的四肢捆绑起来，这样不仅会限制婴儿的自由伸展活动，而且会因婴儿期活动不足，造成日后的儿童期动作不协调、注意力分散、语言发展状况不佳等，严重影响其日后心理行为的健康发展。

预防接种的程序

相信许多家长已经明白了预防接种的重要性，可是家长们往往会对何时接种何种疫苗感到很困惑，总是担心会错过接种时间或遗漏接种。下面，我们来看看我国卫生部规定的儿童计划免疫程序一览表，有了这个，家长就能够清楚预防接种的总体程序，不至于耽误接种。如果家长有意愿，还可为孩子进行乙型脑炎疫苗、流行性脑脊髓膜炎疫苗、风疹疫苗、流感疫苗、腮腺炎疫苗、甲型肝炎病毒疫苗、水痘疫苗、流感杆菌疫苗、肺炎疫苗、轮状病毒疫苗等的接种。

小儿年龄	儿童计划免疫程序	备注
出生	乙型肝炎疫苗注射	第1次
	卡介苗	
满1个月	乙型肝炎疫苗注射	第2次
满2个月	脊髓灰质炎三价混合疫苗	第1次
满3个月	脊髓灰质炎三价混合疫苗	第2次
	百白破（百日咳、白喉、破伤风）混合制剂	第1次
满4个月	脊髓灰质炎三价混合疫苗	第3次
	百白破混合制剂	第2次
满5个月	百白破混合制剂	第3次
满6个月	乙型肝炎疫苗注射	第3次
满8个月	麻疹疫苗	
1岁半~2岁	百白破混合制剂复种	
4岁	脊髓灰质炎三价混合疫苗复种	
6岁	麻疹疫苗复种	
	百白破混合制剂复种	

如果家长想给宝宝接种计划免疫外的疫苗，应注意以下几方面内容。

① 流脑及乙脑疫苗应在此类疾病流行季节前注射，如北京地区乙脑疫苗应在5月份注射，流脑疫苗应在12月份注射。

② 虽然甲肝、风疹、脑膜炎、水痘等疫苗在有些地区会给宝宝注射且相对普遍，但目前尚未列入全国卫生健康安全防疫体系的计划免疫内。

预防小儿麻痹症

为了预防小儿麻痹症，在宝宝满两个月时要给其服小儿麻痹糖丸（脊髓灰质炎三价混合疫苗）第一丸，满三个月时服第二丸，满四个月时服第三丸，这三丸属于基础免疫，待宝宝4岁时加强一次，即完成了全程免疫。

小儿麻痹症又叫脊髓灰质炎，是由于病毒侵犯到人体脊髓前角的灰质，破坏了脊髓前角的运动神经元，从而导致其支配的肢体出现瘫痪，造成终身残疾，因此必须服用小儿麻痹糖丸疫苗对小儿麻痹进行预防，以免感染发病。

小儿麻痹糖丸为三型混合活疫苗，但必须连服三次，才能使抗体有效且持续具有活性来抵抗此种病毒。

由于小儿麻痹糖丸是活疫苗，因此在服用时禁用热水送服，以免疫苗在高温环境下失活。因为服用的疫苗在胃内停留约2小时后才能安全进入肠道，所以服糖丸后2小时内不许喝热奶、热水。虽然母乳中含有这种病毒的抗体，但是对这种活疫苗能起到中和的作用，会影响疫苗的免疫效果，因此服糖丸前2小时和服糖丸后4小时最好暂停母乳喂养，可以选不热的牛奶或其他代乳品在这期间进行哺喂。

服糖丸后的反应较为缓慢或无明显反应，只有少数宝宝会出现发热、呕吐、皮疹等轻微反应，个别宝宝服用后1～2天内可能出现腹泻，且每日不超过5次，对此，均不需要做特殊处理，很快便会自愈。

 有些婴儿暂时不宜预防接种

① 患急性病，如感冒、发烧等；

② 有过敏史的孩子；

③ 有免疫缺陷的孩子；

④ 患湿疹和皮肤病，未治愈；

⑤ 有过癫痫、抽风及脑发育不正常的孩子不能接种百日咳和乙肝疫苗；

⑥ 结核菌试验阳性或与结核患者密切接触的孩子不能接种卡介苗；

⑦ 与某种传染病有过接触的孩子，在这种传染病的潜伏期暂不接种。潜伏期后再接种。

接种疫苗备忘录

脊髓灰质炎三价混合疫苗（糖丸）：宝宝2个月时首次进行口服，此后每个月1次，连服3个月。

乙肝疫苗：宝宝满月后，带上预防接种簿去指定机构进行第二次接种，也就是第一次加强针。

专家医生帮帮忙

结膜炎

　　新生儿结膜炎常见沙眼衣原体和淋球菌感染，还有以金黄色葡萄球菌、表皮葡萄球菌、链球菌和大肠杆菌等细菌引起的细菌性结膜炎。它的感染途径主要是由于胎儿经过产道时，被上述病原体感染，或出生后由于护理人员的消毒不彻底或未经消毒的手、毛巾、洗澡水等感染。衣原体感染结膜炎一般发病较晚，在出生后5～14天结膜充血，出现脓性分泌物。淋球菌性结膜炎，发病急、速度快，一般出生后24～48小时发病，表现为眼睑浮肿、结膜充血、分泌物呈脓状。

　　护理人员和家人给新生儿做眼部护理前首先应彻底洁净双手。一旦新生儿发病，如为单眼发病，注意此时可让患儿向患侧方向侧卧，避免分泌物流入健康的一侧眼内，滴眼药时应先点健康的一侧，再点患病的一侧，并酌情增减点药次数，可多点几滴起到冲洗的作用。由于患儿眼睑水肿明显，不易扒开，家长切勿强行用手扒开眼睑点药，以防擦伤角膜引起穿孔。每次治疗护理前后，应彻底清洗双手。无论是何种结膜炎，必须去医院进行就诊，医生会根据病因和临床症状，在必要时取分泌物细菌培养来确诊，以便对症治疗。对待眼部的疾病千万不可随意和不正规用药治疗，以免延误病情，造成日后视力低下，甚至失明。

当新生儿的眼睛受到感染之后，最好由医生进行治疗。

鹅口疮

如果发现宝宝的口腔内有白色凝乳状物附着于两侧颊黏膜、口唇黏膜、舌或上腭表面，不易擦掉，且擦掉后露出的表面呈红色浅表溃疡，这就是鹅口疮，发展下去会向深处蔓延直至咽喉，甚至呼吸道。

鹅口疮是由白色念珠菌感染引起的，多见于滥用抗生素、营养不良、免疫低下，尤其是消化不良的婴儿。预防此病的关键在于，护理婴儿时注意使用流动的水洗干净双手，并对宝宝的餐具进行严格消毒，且避免给宝宝滥用或长期使用抗生素。

发现鹅口疮后，可用2%～5%小苏打溶液清洁口腔，口腔黏膜涂以制霉菌素液，并口服维生素B和维生素C，以增强黏膜的抵抗力。

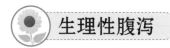

生理性腹泻

生理性腹泻是指婴儿大便次数多，一日可达6～7次，且为黄稀便或黄绿色便。但便内水分不多，无脓血及不消化的食物成分，大便常规检测时无红细胞及白细胞，无发烧、呕吐等其他不适症状，精神状态和食欲良好，尿量正常，不影响体重平均增长。这种婴儿外观比较胖，年龄多在6个月以内，多为母乳喂养。一般来说，在逐渐添加辅食以后，大便的性状、次数都可渐渐转为正常，这种腹泻称为生理性腹泻。

家长在发现婴儿有生理性腹泻时，要注意将此病状与其宝宝腹泻区别开，并仔细观察婴儿的大便性状、精神状况、尿量、体重增长的变化情况，对婴儿的新鲜大便进行取样，在此后2小时内送到医院，对其进行常规检查。在医生给宝宝进行体检及对宝宝的新鲜大便进行化验检查后，方可诊断出是否为生理性腹泻。若诊断结果为生理性腹泻则不需要对宝宝进行任何治疗。

脓疱病

家长常常能发现在小婴儿的皮肤皱褶处，如颈部、腋下及大腿根部生有小脓疱，大小不等，脓疱周围皮肤微红，疱内含有透明或混浊的液体，脓疱破溃且液体流出后，留下像灼伤一样的痕迹，这就是脓疱病。

脓疱的致病菌常见的是金黄色葡萄球菌或溶血性链球菌，正常人身上都会有这些病菌存在，却不轻易发病。由于新生儿皮肤柔嫩、角质层薄、抵抗力弱、皮脂腺分泌较旺盛，如果不注意清洁皮肤，皱褶处与空气接触不佳，在孩子哭闹时常常被擦破，就会出现化脓，严重时还会引起败血症。

面对新生儿可能会患上的脓疱病应持着重在预防的态度。应勤给宝宝洗澡、更衣，且宝宝穿的衣服应为柔软、吸湿性强、透气良好的布料，特别要注意对宝宝皮肤的护理。一旦出现脓疱，应及时用75%酒精液消毒脓疱出现的部位，再用消毒过的棉签擦去脓汁，不久脓疱出现的地方就会干燥自愈。如果脓疱较多，并伴有发烧、精神欠佳的现象出现，则应及时让医生对宝宝进行诊治，必要时用抗生素进行相应的治疗。

脂溢性皮炎

婴儿脂溢性皮炎是一种有特殊分布的红斑鳞屑性皮肤病，具体病因仍未完全找出，一般于宝宝出生后3~4周发病。皮肤表现为边缘清晰的淡红色斑疹，表面覆以灰黄或棕黄色油腻性鳞屑和痂皮，易出现在宝宝头顶、前额、双眉、鼻翼凹、耳后等处。头皮受到此病症损伤较重的宝宝，头部患处会形成层层黄痂，容易受到继发的细菌感染。除头部外，周身上下无明显症状，基本上不会产生瘙痒感。此病症的表现与婴儿湿疹不同，后者为红斑状丘疹，易出现在面颊、额、胸、肘及腋窝等处，伴随有剧痒及周身不适感。当然，脂溢性皮炎若病程超过2个月，其严重程度可与湿疹相提并论。

宝宝患上脂溢性皮炎，家长在护理上要注意以下几点：头皮上的污痂皮及鳞屑不能用肥皂水洗，不要撕揭痂皮以免患处受到感染。可用含2%水杨酸的花生油或烧开冷却后的食用植物油轻抹患处数次，而后涂以含抗生素或含激素的软膏，如醋酸氢化可的松软膏、3%硫黄软膏或3%白降汞软膏；口服维生素B$_2$、维生素B$_6$或复合维生素B等亦能使对患处的治疗达到一定的效果，注意切勿擦破患处的皮肤。

急性中耳炎

小婴儿期甚至整个婴幼儿期，因咽鼓管本身又直又短，管径较粗、位置较低，当发生上呼吸道感染时，细菌容易由咽部进入中耳腔内，造成化脓性中耳炎。有时为分娩时的羊水、阴道分泌物、溢出的乳汁、洗澡时脏水浸入中耳而引起炎症。

一旦患上中耳炎，宝宝因疼痛但又不能表达得让家长明白，就会出现哭闹不安、拒绝哺乳的情况，有的还会出现全身状况不佳的症状，如发热、呕吐、腹泻等，一直持续到鼓膜穿孔时，脓从耳内流出后家长才发现宝宝患了中耳炎。本病的严重情况，即听力的恢复与该病诊治的早晚有很大关系，发现越早，治疗越早，对听力的影响也就越小，而且一次治疗要彻底，以防日后复发。治疗应尽早使用抗生素。注意外耳道的清洗，可用3％双氧水清洁外耳道、用1％新霉素滴耳。针对本病主要在于预防，喂奶时，勿使乳汁流入宝宝耳中，假如不慎流入应及时清洁；洗澡时，用手指将宝宝的耳廓轻轻压紧以压盖住耳道，避免将洗澡水流入耳内；积极预防和治疗宝宝的上呼吸道感染；如果宝宝鼻塞不通时，应先给宝宝的鼻腔滴药，使其通畅，之后再进行哺乳。

先天性甲状腺功能低下

先天性甲状腺功能低下是新生儿内分泌障碍中的一种常见疾病，它直接影响宝宝脑组织及骨骼发育，导致智力低下及身材矮小，即"呆小症"。早期发现、早期治疗可使宝宝生长发育正常。

该病的发病原因为：甲状腺缺如、甲状腺异位、甲状腺体发育不全，甲状腺激素合成障碍；多见于母亲患甲状腺功能亢进，孕期用抗甲状腺素制剂或用放射碘[131]治疗者，可抑制胎儿甲状腺素产生，也可致甲状腺功能低下。

因胎儿的生长不完全依赖甲状腺素，所以大多数患此病的宝宝出生时可为正常新生儿。出生后由于甲低，表现为体温低、不爱动、嗜睡、食欲不好、哭声小或嘶哑、皮肤干而粗糙、皮肤发凉、皮肤少汗、前囟门大、心率慢、便秘、脐疝、生理性黄疸时间延长等不正常症状和体征。

由于该病的预后与诊治早晚有极大的关系，目前国内许多医院已开展了对先天性甲低的筛查。即在出生后72小时内取足跟血，用放射免疫法测定血清中TSH浓度，如高于20微单位/毫升即可确诊。筛查有问题的婴儿家长会接到通知，并接受正规治疗。治疗采用甲状腺素作为替代疗法，可用甲状腺素片剂，应用方法多为从小剂量开始，逐渐加至维持正常发育的剂量。治疗必须在有经验的儿科专业医生指导下进行，以免发生意外。

先天性斜颈

如果发现婴儿头常常偏向一侧，触摸颈部时可触及椭圆形肿块，约栗子大小，质较硬，边缘清楚，宝宝无红、热、痛的状况出现，则可判断此情况的出现原因主要与难产有关，如胎头娩出困难，由于强烈牵引导致胸锁乳突肌损伤引起。有的婴儿此病状在出现半年后自然消失，有的婴儿歪脖的状况越来越明显，甚至出现面部歪，视力异常，脊柱弯曲等情况，所以应做到早发现、早治疗。一般用手法按摩疗法进行治疗，将小儿头部向健康的一侧轻轻牵拉，用拇指和食指轻轻掐住肿块并轻轻按揉，每日1～3次，每次20～30下，天天坚持，最少需要三个月左右，可使肿物被吸收和变小，注意在按揉时可逐渐加大力度，但要在婴儿能承受的范围内，并要注意避免婴儿的皮肤受到损伤。如果手法按摩治疗半年仍没有理想的效果，到1岁左右可能要进行胸锁乳突肌手术治疗。但随着婴儿接受治疗的

如果发现宝宝的头经常偏向一侧，要及早进行矫正和治疗，越早越好！

年龄越大，歪脖症状会越严重，术后恢复也越困难。

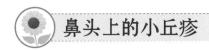

鼻头上的小丘疹

新生儿出生后，在鼻尖及两个鼻翼上可以见到针尖大小的、密密麻麻的黄白色小疙瘩，略高于皮肤表面，医学上称"粟粒疹"。主要是由于新生儿皮脂腺潴留所引起的。几乎每个新生儿都可见到，一般会自然消退，这属于正常的生理现象，不需任何处理。

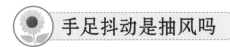

手足抖动是抽风吗

宝宝在出生后42天左右到医院体检时，很多家长都在问同一个问题，自己的宝宝手脚有时会抖动，是不是抽风或所谓的由于缺钙引起的手足抽搐。其实不然，在新生儿时期，新生儿的大脑皮层尚未发育完全，运动神经系统相对发育得较为超前，所以常常表现出手、臂、手指、小腿等肢体不自主地抖动，这是一种正常的生理现象，并随着大脑功能进一步完善而逐渐消失，所以家长们不必担心。如果是抽风或缺钙引起的手足抽搐，一定会伴有其他的异常现象，如高热、烦躁不安、吃奶不好、佝偻病征兆出现等，家长们如果对此心存疑惑，可向医生咨询。

宝宝身上有特殊气味，怎么办

一般来说，宝宝身上除了奶香味之外不应有其他怪味。有的孩子排出的尿略带有呛人的氨水味，这是正常的。然而有极个别婴儿身上会散发出一些奇怪的味道，像烂白菜味、烂苹果味、汗脚味、耗子臊味、臭鱼烂虾味、猫尿味等。如果宝宝身上有这样的味道，千万不要忽视，因为这些味道可能是宝宝患有某种先天性代谢疾病的信号。

先天性代谢疾病，多是由于与遗传有关的基因发生突变，导致某种酶或结构蛋白出现缺陷，使体内氨基酸或有机酸代谢发生障碍，产生异常代谢产物，堆积在宝宝身上，并通过汗、尿排出，散发出各种怪味。例如，患枫糖尿症的人可散发出枫糖味、烧焦糖味、咖喱味；患苯丙酮尿症的人可散发出耗子臊味；患蛋氨酸吸收不良可散发出啤酒花烘炉气味；患高蛋氨酸血症的人可散发出白菜被煮时的味道或黄油腐败了的味道；患丁酸乙酸血症的人可散发出臭鱼烂

当发现宝宝身上有特殊的气味时，父母不要太过着急，只要治疗得当不会影响宝宝的健康。

虾味；患焦谷氨酸血症的人可散发出汗脚味，等等。

这类先天性代谢疾病发生的概率很低，但是如果不及时进行治疗，会直接影响到孩子脑部的正常发育。苯丙酮尿症就是如此，如果能及早发现，比如出生后2个月内，在脑组织未发育成熟且尚未遭受严重损害以前开始运用相关治疗手段对其进行干预，愈后孩子仍然能够成长得与正常孩子一样健康、聪明。当然，有的宝宝身上散发出难闻气味，也可能是由于没有经常给宝宝洗澡造成的，父母不要在未搞清楚原因之前太过担心和着急。

母乳不够吃时的催乳妙方

从生理的角度来说，每位乳妈妈都会有充足的乳汁喂养宝宝，也就是说不会不够吃。由于种种原因，如果妈妈的母乳真的不足，可用膳食来催乳，以下这些汤品不但催乳效果良好，而且营养丰富，烹饪起来也简单方便。

① 猪蹄炖花生。清淡一些，别太咸，喝汤、吃肉和花生。

② 清熬鲫鱼汤。将新鲜鲫鱼洗净，放入少许料酒、盐、葱、姜片，加水煮至鱼肉熟透即可，喝汤吃鱼肉。

花生

③ 母鸡炖黑木耳。新鲜母鸡1只，洗净后放炖锅内，在鸡肚中放入泡过洗干净的黑木耳，放盐和少许料酒，加水直至盖过整只鸡，煮开后以小火炖到鸡肉熟透酥软即可，吃肉喝汤。

④ 七星猪蹄1只，加通草2克（纱布包裹），加少许盐和料酒，炖至猪蹄熟透，吃肉喝汤。

如果普通汤食催乳效果不好，还可以用以下使用了多年的中药良方进行催乳：

① 生麦芽30克，加水没过药，水煎15分钟，倒出，再煎一次，两次煎过的药倒在一起，分两次服，上下午各一次。

② 当归9克，川芎3克，白芍9克，熟地12克，王不留行6克，生麦芽30克，穿山甲6克，黄精12克。每日一剂，水煎两次，分两次服。

③ 生麦芽30克，王不留行6克，穿山甲4克，黄精8克，水煎，每剂煎两次，分上下午两次服。

↑ 川芎

产褥期妈妈身体虚弱，还要哺育宝宝，这就需要摄取大量营养素以补充妊娠、分娩时的消耗和生殖器官恢复的需要，以及促进乳汁的分泌，保证哺乳期母亲和婴儿的身体健康。

民间给哺乳妈妈食用红糖、芝麻、鸡蛋、小米粥、鸡汤、鱼汤、瘦肉豆腐汤等营养价值高的食品。这些食品如调配适当，是有利于乳妈妈的生理需求的。

红糖

性温，能益气养血，健脾暖胃，祛风散寒，活血化瘀，缓解疼痛，这对产妇特别有益。对泌乳也有直接的促进作用。

每100克芝麻中含蛋白质21.9克、脂肪61.7克、钙564毫克，尤其是铁质含量可达50毫克；此外，还含有脂溶性维生素A、维生素D、维生素E等。这对乳妈妈来说能起到补中健身活血脉，去瘀血等良好作用。

炖鸡汤

鸡汤味道鲜美，能增加食欲，促进乳汁分泌。但其营养价值不如鸡肉高，鸡肉能补脾胃，增加人体阳气，有强壮乳妈妈身体的功能，增加泌乳量及乳汁的营养，所以喝鸡汤要连鸡肉一起吃。

小米

与大米相比，小米的含铁量要多1倍，维生素B_1约高1倍，维生素B_2高1倍，纤维素高2～7倍。因此，乳妈妈吃适量的小米粥，对于恢复体力和婴儿健康成长极为有益。

猪蹄汤

猪蹄能催乳、强身、恢复和增长力气，十分有助于产妇体力的恢复；中医促进乳汁分泌的药方中，也常用猪蹄做药引子。此外，猪蹄加黄豆炖汤营养会更好。

聪明宝宝智能开发方案

 婴儿动作发展特点

婴儿动作发展是一个从胎儿期（在孕妈妈肚子里2~3个月）到出生后3年之间的连续性、阶段性发展过程。动作发展受神经系统成熟程度的内在制约，而环境是其发展的催化剂。它具有以下规律：

》 从整体到局部 《

初生婴儿的动作是全身性的、笼统的、广泛化的，进一步发展分化为局部的、准确的、专门化的。比如，新生儿的体态呈蛙状，四肢屈曲于身体两侧，有做动作的需要时，总是进行全身运动，不论是愤怒地哭，还是高兴地笑，也不论是想吃奶，还是想睡觉，总是以特殊的四肢挥动来表达其想法。

》 从头到足 《

初生婴儿最早期发展的是与头部有关的动作，喜怒哀乐的面部表情，目光追声追人的头部转动，想吃奶时左右转头的觅食活动等；其次是躯干部位的扭动，先是上肢挥动，然后是下肢踢蹬，最后才是脚的动作。任何一个婴儿大动作能力的发展总是沿着抬头—翻身—坐—爬—站—走—跑—跳—攀登的动作学习和进行的顺序发展成熟的，即头尾规律。

》 从大肌肉动作到小肌肉动作 《

婴儿最初的动作是上肢的挥动，下肢的踢蹬，然后才是手的小肌肉动作能力得到锻炼和提高。而任何一个婴儿精细动作能力的提高总是沿着双手紧握拳头（1个月）—伸开手（2个月）—被动抓握（3个月）—主动抓握（4~5个月）—抓不准—伸双手满把抓物（5个月）—双手握积木（6个月）—双手间传递物体（7个月）—拇、食、中指捏的动作（8个月）—拇、食指捏的动作（9个月）—

食指扣、按、抠的动作（10个月）—盖瓶盖（10个月后），从无意识到有意识，即向多意识支配的方向来发展的。在获得某些掌握较为熟练的、进行较为随意的技能之前，低级的原始反射活动（如抓握反射、觅食反射、惊吓反射、踏步反射等）必是处于主导地位，而后才变为次要地位。没有大运动智能的良好发展，智商的其他方面也会受到影响，尤其是0～1岁的宝宝，家长应当特别重视其大运动能力的发展。

↑ 0～1岁的宝宝，家长要特别注重他的大运动能力的发展。

 ## 宝宝的感知觉训练

感知觉	感知觉学习	教育指南
嗅觉	婴儿出生后，开始用鼻子呼吸。随着每一次的呼吸，时时能嗅到环境中的气味。正由于婴儿的视力不好，更需要依赖嗅觉感觉到母亲的存在，嗅着母亲的体味，在熟悉、安适中，香甜地进入梦乡。随着婴儿的逐渐成长，母亲不再无时无刻地陪伴在身旁，婴儿在唤来母亲与等待母亲的同时感知自己身体周围物体的气味和质地，如衣服、被褥、毛毯等的气味和触感，令自己感到新奇，又觉得哪些地方不太舒畅，从此这些物体就成了相伴小宝宝成长的一部分。	嗅觉刺激，即嗅觉学习也是早期教育的范畴。不仅要让宝宝闻香味，也要让他接触臭味、酸味等其他气味。

味觉	宝宝最先品尝到的食物便是母亲香甜的乳汁。4个月之后，丌始添加辅食，宝宝开始尝到不同食物的味道与质感。食物不仅是身体快速生长的物质基础，更是大脑和神经系统发育、智慧网络构建的前提条件，具有丰富营养的不同食物是婴儿身心发展的基本保证。	从小让宝宝品尝多样食物的味道，丰富味觉刺激，避免日后辅食添加困难和孩子偏食、挑食；多种味觉刺激更可促进孩子心理的健康发展。
触觉	子宫内运动，出生时的产道挤压是最早、最重要的触觉学习，出生后母亲的爱抚、怀抱、亲吻以及母亲身体的温暖，都能让宝宝感觉到无比的安全与温馨；0～1岁心理发展阶段为口欲期，婴儿通过触觉细胞密布的嘴唇寻找妈妈的乳头，继而得到食物。婴儿也喜欢通过吸吮乳头或自己的手指来进行放松，获取心理上的安全感。同时，通过吃手、咬东西认识自己的身体及外在环境。	孕妈妈在怀孕期间应适当运动，如散步、体操、瑜伽等；减少或避免剖宫产；用母乳喂养宝宝；母亲亲自抚育宝宝，尽量不依赖月嫂/保姆来带孩子；多进行肌肤上的接触，如给宝宝按摩、抱宝宝，父母都应多亲吻宝宝。
前庭觉	0～6个月，宝宝的大脑相对皮质下层（脊椎、延脑、脑桥、中脑、间脑）发育，而皮层尚未发育完全。出生时的各种原始反射行为至3～4个月后逐渐减弱至表现不明显。6个月后，脑发展进行到端脑部位，原始反射消失，取而代之的是强壮的肌肉张力和保护自己的平衡反应。通过这些发展，宝宝能维持头部立在正中的位置，保持身体平衡，以及预防跌倒时碰撞头部，并在相应的刺激下做出最快的反应。这些姿势反应，终生保护着我们。	前庭知觉水平的发展与身体协调、动作协调、操作灵巧、视觉辨别、空间知觉、手眼协调、注意集中等有关。促进大运动发展：如三翻、六坐、七滚、八爬要充分；跑步、蹦跳、攀岩、拍球、踢毽不能少。

动觉	在宝宝出生后的头6个月，其肢体受到原始神经反射的控制，动作的本质也多属于不自主的四肢挥动。6个月后，原始神经行为逐渐消失，被自主动作合并，宝宝能控制头颈部自由活动，躯干能进行翻身、打滚，然后，会独自坐立，会利用膝部爬行、利用脚踝力量尝试站立，1岁的时候动作发展到会用脚使身体直立行走。	关节腔里的肌腱韧带存在着本体觉感受器。本体觉与脑的互相作用，主管着运动协调、静态平衡、运动企划、语言学习等。应注意肌肉关节的感知—运动锻炼。
听知觉	婴儿在刚出生时，听神经尚未髓鞘化，声音在传送过程中虽扩散形成回音，但仍可分辨出熟悉的人（如父母）声音的特质。婴儿听到声音后将头转向声源方向，借助视觉影像了解听到的声音或词汇所要表达的意思。与宝宝交谈，要用缓慢的语速、清晰的发音、简短的语言，如用动词时加上明确的动作示范、说名词时将物品清楚地展示给宝宝看，用叠音（如抱抱、奶奶、车车）等。说话时腔调高一点、强度要有变化，这样比较能吸引婴儿的注意。	父母要多跟孩子说话，培养孩子的听觉注意力与大脑对所听内容的理解能力。如果父母将宝宝交托给年龄太大或体力不佳又不爱说话的老人或保姆代为照顾，宝宝的语言发展进程常常会相对滞后，对宝宝智能发展不利。
视知觉	对新生儿而言，离开阴暗的子宫，来到光明的外界，"光"则是给予宝宝的最大的视觉刺激。尚未满月的新生儿，房间不应过亮，满月后宝宝就可以适应一般人所能适应的亮度。在各种图片中，婴儿偏爱看人的脸，喜欢鲜艳且对比强烈的色彩，在动画与静态的图之间偏向于选择后者。6个月之后，宝宝有更深的视觉知觉感受。10个月起，对环境信息的接收80%来自视觉。0~1岁时丰富的视觉刺激对婴儿视知觉的发展来说非常重要。	0~3个月期间，可给宝宝看墙上的有色大图、好看的人像以及会变换的面部表情。3个月后应经常抱着孩子，看看外面多彩的世界。7~12个月期间，让宝宝多爬、探索周围的环境，这对宝宝视知觉的发展具有关键性的影响。

大动作智能

亲子游戏 练习抬头

游戏目的：

开阔宝宝的视野，丰富视觉信息，促进颈部肌肉和视知觉发展。

游戏玩法：

STEP1 让宝宝呈正坐的姿势，在宝宝的前方，试着用画片、哗铃棒或者能发出响声的玩具引起宝宝的注意并注视这些东西。

STEP2 将玩具进行水平、上下、左右移动。

STEP3 引导宝宝能从各个方向观看前面响动着的玩具，随着注视，双手也能进行挥动。

精细动作智能

亲子游戏 抓握训练

游戏目的：

训练宝宝手部的抓握能力，提高手的精细动作智能。

游戏玩法：

STEP1 把不同质地的旧手套或袜子洗净。

STEP2 用松紧带吊在栏杆上方，竖

着抱宝宝用小手去够悬吊着的玩具。

STEP3 假如宝宝还不会伸手，你可以帮助宝宝用手抓握吊起的手套、毛线球、橡皮手套，还可让宝宝触摸不同质地的玩具，以促进触知觉和手的精细动作的发展。

亲子便利贴

此时宝宝喜欢手甚至胜过有声有色的玩具，常常伸出并看自己的小手，接着会倍感好奇甚至激动："这个是什么呀？没什么味道，但很好吃啊，吃起来真开心！"渐渐就懂得手是自己的，4~5个月弃旧换新，由吃手改为吃玩具，进入宝宝认为的有滋有味地啃玩具阶段。

语言智能

亲子游戏 诱导发声

游戏目的：

促进宝宝语音感知，引起宝宝"说话"的热情和进行发音练习。

游戏玩法：

STEP1 用亲切温柔的声音，面对着宝宝说话，使宝宝能清楚地看见你的口形。

STEP2 试着对宝宝发单个韵母a（啊）、o（喔）、u（呜）、e（鹅）的音。宝宝发声后妈妈要跟着发同样的声音。

STEP3 在练习发音的同时逗宝宝笑一笑，玩一会儿，以增加宝宝对发出声音的自我练习的乐趣。

逻辑—数学智能

亲子游戏 感知大小

游戏目的：

帮助宝宝感知大小，建立初步的数学概念。

游戏玩法：

STEP1 使宝宝正坐在平板床上，面对着宝宝。

STEP2 手持两个红色皮球，一个大一个小。

STEP3 先将大皮球放在宝宝眼前，并反复告诉宝宝这是大皮球，再给宝宝展示较小的皮球，反复告诉宝宝这是小皮球。天天练习，慢慢地宝宝就能够分辨大小了。

亲子便利贴

快乐的情绪、父母的爱抚是发音的动力，是情感和言语发展的基础。

亲子便利贴

展示物体的大小，给宝宝视觉信息刺激，久而久之能让宝宝对大小的分辨越发清晰。

音乐韵律智能

亲子游戏 感受音乐

游戏目的：

　　创造优美的音乐氛围，激发宝宝愉快的情绪，培养宝宝的乐感和韵律。

游戏玩法：

STEP1　播放音乐或者亲自唱歌给宝宝听。

STEP2　抱着宝宝一起随着音乐律动，摇动身体，使宝宝感受到舒适、快乐，感受韵律。

空间知觉智能

亲子游戏 追声寻源

游戏目的：

　　训练宝宝对声音的空间感觉和敏锐反应。

游戏玩法：

STEP1　将各种发声体（橡皮捏响玩具、八音盒、动物琴、哗铃棒等），放在宝宝的视线内并将其弄响。

STEP2　要用缓慢的语速、清晰的声音反复地告诉宝宝发声体的名称。

STEP3　待宝宝注意后，再慢慢将发声体移开，让宝宝追声寻源。

亲子便利贴

　　父母要观察宝宝对胎教录音和对爸爸妈妈唱歌所产生的兴趣大小，看宝宝听到哪一段时整体较为安静、不哭闹，或者笑、跟着歌曲手舞足蹈、表情兴奋，让宝宝经常反复听，观察到宝宝感兴趣的部分，并对此进行记录。注意发声体的响度不能太大、太刺耳，要柔和，否则形成噪声，会妨碍听觉的健康发展，甚至造成宝宝在婴幼儿期之后拒听行为的出现。

认知智能

亲子游戏 辨认图画

游戏目的：

　　培养宝宝视觉分辨能力和视觉记忆能力。

游戏玩法：

STEP1　父母在室内墙上挂上色彩鲜艳的图画，有爸爸妈妈的照片，还有其他的人物、动物、水果等，每次引导宝宝看1～2种，最好选择那种特制的凹凸不平的图画。

STEP2　可以一手托着宝宝屁股，一手拦腰抱着宝宝，让宝宝的背部面对着父母，面对着挂有图画和照片的墙壁。

STEP3　抱着宝宝看图画和照片，向宝宝介绍图画和照片上的内容，指着图画或者照片跟宝宝说"爸爸"、"妈妈"、"米老鼠"，等等。

STEP4　边说边握着宝宝的小手去触摸图画上的内容。

STEP5　观察宝宝脸部表情的变化，并观察宝宝在看到喜欢的图画或照片时脸部表情的变化，有时宝宝会高兴得手舞足蹈，对图画和照片的内容大有兴趣。

人际交往智能

亲子游戏 挠痒痒

游戏目的：

　　"挠痒痒"是一种通过触觉刺激，引起宝宝微笑的亲情互动，培养亲情，愉悦心情。

游戏玩法：

STEP1　亲切呼唤宝宝的乳名，引起宝宝的注意。

STEP2　隔着衣服，用手轻轻挠宝宝的肚皮或胸脯。

STEP3　一边给宝宝挠痒痒，一边逗宝宝笑并配合着挠痒痒的节奏。

STEP4　逐渐地宝宝就会建立起与人进行情感交流的习惯，并且使情感变得丰富，愉悦爱笑。

亲子便利贴

　　（1）父母一定不要留长指甲，防止挠痒痒时划伤宝宝。另外，如果爸爸妈妈的手是凉的，此时便不要直接触摸宝宝的肚皮或腋下。

　　（2）挠痒痒的程度要以宝宝能愉悦为宜。

　　（3）如果宝宝没有反应或反应甚微，可以试试挠挠其他部位如肚皮，但注意不要挠宝宝的颈部。

IQ、EQ 小测验

分类	项目	测试方法	通过标准	出现时间
大动作智能	抬头	摇动宝宝前方的哗铃棒或玩具	抬起脸部观看，下巴能短时离床且与床的水平面呈45°，双肩抬起	第__月第__天
精细动作智能	看手	仰卧时宝宝看自己的小手（衣服不能穿太厚）	能看5秒以上	第__月第__天
语言智能	发声	在宝宝高兴时引导宝宝发元音"啊"、"喔"、"鹅"	能发出这3个元音	第__月第__天
逻辑—数学智能	感知大小	展示1个大球，1个小球	能对大与小有不同的反应	第__月第__天
音乐韵律智能	感受音乐	抱着宝宝聆听音乐	会随着韵律挥臂	第__月第__天
空间知觉智能	追视	宝宝头躺正，仰卧位，将红色玩具或毛绒球在宝宝眼前30厘米左右处晃动	追视并转头	第__月第__天
认知智能	亲近熟悉人	妈妈慢慢靠近宝宝	能亲近妈妈	第__月第__天
人际交往智能	逗笑	宝宝高兴时挠宝宝痒痒肌	会发出表达自己心情愉悦的声响	第__月第__天

第三章

第3个月

生长发育月月查

身体发育指标

	男孩	女孩
身长	57.6~67.2厘米，平均62.4厘米	56.9~65.2厘米，平均61.1厘米
体重	5.2~8.3千克，平均6.7千克	4.8~7.6千克，平均6.2千克
头围	38.2~43.4厘米，平均40.8厘米	37.4~42.2厘米，平均39.8厘米
胸围	37.4~45.0厘米，平均41.2厘米	36.5~42.7厘米，平均40.1厘米

注：身长：身长比出生时增长约1/4　　　体重：体重比出生时增长1倍
　　头围：增长相对比胸围慢　　　　　　胸围：实际数值开始达到甚至超过头围

智能发展水平

◎ 会翻身90°以上
◎ 能判断并用双手移向目标物
◎ 认得母亲
◎ 能对亲人微笑
◎ 会咿呀发声

⬇3个月的宝宝已经开始对玩具感兴趣了。

养育也要讲科学

教养要点

◎ 丰富感官学习：多看、多听、多触摸。

◎ 引导学习翻身。

◎ 训练手的主动抓握（够取、拍打、触摸）。

◎ 进行母子对话。

◎ 不干涉吃手。

◎ 注意预防佝偻病。

了解宝宝为什么哭

在婴儿早期，可以说除了吃、睡、排泄，最多的就是哭了。我们描述一个孩子的出生就是用"呱呱坠地"这个很形象的词，可以说宝宝是在哭声中长大的。因为这时的宝宝还没有其他的表达方式，无论是饿了、冷了、热了、尿湿了、不舒服了、生病了，都可能以哭来表示。以上情况在宝宝的哭声中应如何辨别呢？

当宝宝饥饿时，哭声很洪亮，哭时头来回活动，嘴不停地左右寻找某些东西，并会做吸吮的动作。这时只要一喂奶，哭闹马上就会停止。而且吃饱后会安静入睡，或满足地四处张望。

当宝宝冷时，哭声会由响亮而逐步减弱，并且伴有面色苍白、手脚冰凉、身体紧缩的情况，这时可以把宝宝抱在怀中或加盖衣被，宝宝若是觉得暖和了，就不再哭了。

如果宝宝哭得满脸通红、满头是汗，一摸身上也是湿湿的，而且被窝很热或宝宝的衣服穿得太厚，那么减少铺盖或减衣服，宝宝就会慢慢停止啼哭。

有时宝宝睡得好好的，突然大哭起来，好像很委屈，此时赶快打开包被，会发现原来是尿布湿了，换块干的，宝宝就安静了。如果尿布没湿，那又是怎么回事？可能是宝宝做梦了，或者是宝宝对一种睡姿感到厌烦了，想换换姿势可又没

● 了解宝宝哭的原因，尽早进行安抚。

有成功，只好哭了。那就拍拍宝宝并告诉宝宝"妈妈在这，别怕"，或者给宝宝换个睡姿，轻轻拍拍宝宝的屁股，这时宝宝又能接着睡了。

还有的时候，宝宝不停地哭闹，用什么办法也无法让宝宝停下，并且有时哭声尖而直、伴发热出现、面色发青、呕吐，或是哭声微弱、精神萎靡、不吃奶，这就表明宝宝生病了，要尽快请医生进行诊治。

让"夜哭郎"变成"笑宝宝"

我们这里所说的"夜哭郎"，指的是那种精神、饮食、大小便都正常并且白天一切正常，一到晚上睡觉就开始哭闹不止，怎么哄都没用，以至于使全家人疲惫不堪，左邻右舍也因此不得安宁的宝宝。这种宝宝多半是由于家长没有注意给其养成良好的睡眠习惯或营造出一个良好的睡眠环境所造成的。比如白天睡得太多，宝宝晚上就会又哭又闹不睡觉；或是睡前被逗得大笑不止，导致宝宝兴奋过度；又或是睡前家里人多、吵闹、电视声音太高等，这些都会影响宝宝的睡眠习惯。应该从小培养宝宝养成良好的睡眠习惯，给宝宝营造一个良好的睡眠环境。

面对白天睡、夜晚不睡的"夜猫子"宝宝，避免白天出现睡得太多的情况，应在白天多睡之前就将其叫醒，把宝宝颠倒的生物钟调整过来，可以让其慢慢养成良好的睡眠习惯。

但关键是用什么方法将孩子叫醒？多数家长是用手轻轻抚摸孩子的胸脯，但是越这样孩子睡得越香。我的办法是用"实而重"的按摩手法来叫醒孩子，如旋转来回按摩孩子的胸腹部，或用双手轻轻揉孩子的肢体3~5下，即可将孩子叫醒。用这种办法叫醒宝宝，能令宝宝醒后睁开的双眼明亮而有神，再伸几个懒腰，就能彻底清醒。而且白天玩的时间越长越好，就不会出现晚上熬夜的习惯了。

对于那些由于剖宫产、产钳助产、胎吸助产、早产等导致对环境的适应存在困难的宝宝，则应采取知觉调适的办法，即进行"手法肌肤按摩"，效果颇佳。按摩10次左右即可使宝宝从"哭宝宝"变成快乐的"笑宝宝"。

宝宝床铺有讲究

许多家长都喜欢让宝宝仰卧着，偶尔让宝宝侧卧。看到宝宝俯卧就会想采取措施来改变宝宝睡姿，认为俯卧可能会使其胸腔受到压迫以至于憋气。对于宝宝睡姿是否会对宝宝的健康产生影响的这种担心是没必要的。宝宝的潜能是很惊人的，让宝宝多尝试几种睡姿，宝宝便会很快适应一个适合自己的，并做出相应睡姿的调整。

但要注意的是，给宝宝布置的床铺要硬而平一些，不能太软，因为太软不利于头颈部及上肢活动，对脊柱发育也会产生不良影响。另外，多种姿势睡眠，既有利于宝宝的面部正常长开，不至于头斜面歪；又可以锻炼宝宝活动的能力，如侧卧可以帮助宝宝练习翻身，俯卧可以锻炼宝宝的颈部肌肉、练习抬头，为以后学习匍行和爬行打下基础。

现在的家庭条件都比较好，家里的孩子一般都是独生子女。许多家庭不仅让婴儿睡在软床上，还铺很厚很软的垫子，两旁放上又软又大的枕头，有的还放些布娃娃在床上。这样做的危害有三：一是易发生窒息，当婴儿来回翻动时易被柔软的被褥或枕头等堵住口鼻，造成窒息；二是不利于宝宝活动，尤其是对脊柱的三个生理弯曲的形成不利；三是不利于宝宝多种睡眠姿势的变换。因此，我们主张让孩子睡硬板床，这样孩子可以在床上趴着并练习抬头、左右转动头，也可以练习翻身、匍行及以后的坐起、站立、迈步，等等。

至于趴着睡的姿势能睡多长时间，不必硬性规定，只要宝宝高兴，这种姿势进行睡眠也能使宝宝睡得踏实而舒服。

对于会出现溢乳状况的小婴儿，侧着睡的姿势是防止误吸的好办法，进而防止造成窒息。有的家长担心头形会睡歪，其实只要宝宝不是固定地面向一侧卧位，即左右侧睡眠姿势勤更换就不会睡成歪头。

打开"蜡烛包"

"蜡烛包",就是将宝宝双臂紧贴躯干,双腿拉直,把宝宝包裹在包被内,只有面部露在外面,做成一个长长的小包,外面再用绳子缚紧。家长们认为这样保暖效果好,甚至有人认为可防止婴儿日后出现"O"形腿。

这种包裹方法固然能有较好的保暖效果,但是,随着生活水平的提高,现在的家庭基本上已不存在无暖可取的问题,只要室内温度保持在20℃左右,就不必给孩子包裹得太厚太严。

"蜡烛包"最大的害处是会影响到孩子生理和心理的正常发育。包裹过紧不仅有碍孩子进行呼吸,影响胸腹及心肺的发育,还严重限制宝宝的活动,而婴儿期上下肢的活动对宝宝的发育来说至关重要。包裹得过紧必定不透气,在炎热的夏季还会捂出痱子,使得皮肤糜烂感染。

现在绝大多数家庭都采用婴儿睡袋,让宝宝穿上小上衣,然后放在睡袋里,既不用担心弄散包被,导致着凉感冒,又有相对大的空间,能够让宝宝进行自由活动,这对宝宝的发育十分有利。

◑ 打开"蜡烛包",给宝宝充分的空间来活动身体。

如何培养宝宝大小便的习惯

2个月后，可以开始培养宝宝大小便的习惯。托着宝宝的大腿让宝宝的上身靠在自己的身上，屁股对着便盆，妈妈用"嗯"的声音暗示"该大便了"或用"嘘"的声音暗示"该小便了"。宝宝通过视——便盆、听——声音加上姿势形成排泄的条件反射，渐渐就懂得大小便了。给婴儿把大小便既可以让婴儿懂得和学习如何与他人合作，又能使得膀胱容量逐渐增大，锻炼膀胱括约肌的调节功能，还能使母婴关系更加亲密，是一种良好的习惯和能力的训练。

把大小便时应注意：大人挺直腰板坐正，注意别压着婴儿的胸和背而妨碍其正常呼吸，当婴儿表示不愿意让大人进行把便时，不要勉强并应暂停有关训练，以免使婴儿在这方面感到疲劳。不过，只要有耐心，孩子很快会建立起相关条件反射的，而且能早早地改掉在床上大小便的坏习惯。

不过，有些父母在对待给宝宝把大小便的看法上过于教条，过于频繁地把大小便，反而影响了孩子和自己的正常休息，这是需要注意且不提倡的。

 ## 接种"三联疫苗"

三联疫苗又称百白破疫苗，它可以预防百日咳、白喉、破伤风三种疾病。宝宝在满三个月时，应注射三联疫苗第一针，满四个月时注射第二针，满五个月时注射第三针，此三针为基础免疫。待一岁半至两岁之间再加强一次，往后就是等到上了小学再注射白破二联疫苗了。在宝宝满3个月和4个月时，这两个时期都可以服用小儿麻痹糖丸和注射三联疫苗，彼此不会受到影响。

三联疫苗为什么要接种三次呢？因为此疫苗为多联死菌内加类毒素制品，进入机体后产生免疫力的速度慢，分别接种能使抗原在几次接种之间间隔一段时间间歇进入机体，不断刺激机体的免疫活性细胞产生活性，使机体达到有效的免疫水平。一般第一次接种仅能对抗体的产生起到动员的作用，第二次接种后产生的抗体受保护且维持的水平低，以至于要进行第三次才能与前两次进行累积才能获得活性较佳的抗体和起到有效的免疫效果。三联疫苗对百日咳的有效免疫力只能维持1~2年，所以第二年（一岁半左右）必须对三联疫苗注射加强一次，才能使抗体的有效免疫力维持较长时间。

宝宝注射三联疫苗后，有些宝宝会出现低热且一般在注射后数小时开始发热，这种情况多在出现发热的48小时内恢复正常，发热期间伴有倦怠、烦躁不安等表现，应给宝宝多喝水、多休息，无须对其进行其他特殊处理。但如果遇到高热或发热时间太长的状况，则要带宝宝去看医生。除以上的情况外，接种12～24小时后其注射局部可能会出现红肿、疼痛、发痒，个别宝宝注射一侧的腋下淋巴结肿大。有些宝宝局部的硬结肿块于1～2个月自行消退，一般不需处理。

从宝宝3个月开始就要注射「三联疫苗」了。

如果存在注射过浅或注射疫苗前未将待注射物充分摇匀等情况，可能会形成无菌性脓肿，其症状有局部红肿、疼痛、有硬结肿块，一般经10天左右局部软化，表皮变成暗紫色，按下去会发生形变。对其的处理办法主要是做好相应护理措施，防止细菌感染，一般需要十几天便可痊愈，如果脓肿较大应请医生进行处理，勿擅自将其刺破或者划开。

接种"Hib 疫苗"

b型流感嗜血杆菌（Hib）能够引起宝宝患脑膜炎、肺炎、败血症、关节炎等。在我国，58.1%的Hib脑膜炎发生年龄段在一岁以内。宝宝自出生后2个月起就可以注射Hib疫苗，初种3针且3次接种之间间隔1～2个月，在一岁半时再注射一针进行加强。此疫苗系进口产品，全名为ACT-Hib安尔宝B型流感嗜血杆菌结合疫苗。目前，尚未列入我国统一的计划免疫措施内，如果小儿在6个月以前未接种，那么，6～12个月的小儿初种只需两次（两次接种之间间隔1～2个月），一岁半时注射一次进行加强，如果小儿已超过1岁尚未接种，那么，1～5岁小儿只需接种一针。

　　在小儿发热和急性感染时，要推迟接种疫苗的时间。

 ## 接种后的反应及应对

　　宝宝接受预防接种后，绝大多数没有或者有轻微的反应。例如，注射部位出现红、肿、热、痛或局部淋巴结肿大，甚至出现发热、食欲减退、呕吐、腹痛等。一般都不需要治疗，只要给孩子多喝些开水，注意好好休息，经过1～2天后这些反应都会消失。预防接种后暂不要给孩子洗澡，可以对症处理一些症状，如物理降温等，但若反应程度严重，如高热持续不退、注射局部出现化脓感染、精神差且不思饮食，应去请医生进行诊治。

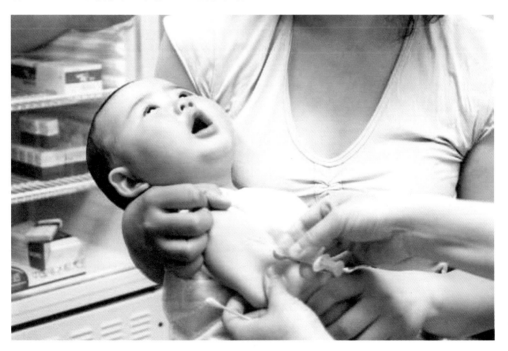

接种疫苗备忘录

1. 第二次服用脊髓灰质炎三价混合疫苗（糖丸）。
2. 首次注射百白破混合制剂（预防百日咳、白喉和破伤风）。

专家医生帮帮忙

 脐疝

不少婴儿在哭闹时，脐部就明显凸出，这是由于婴儿的腹壁肌肉还没有很好地发育，脐环没有完全闭锁，如增加腹压，肠管就会从脐环突出，而形成脐疝。

过去曾有人用铜板或硬布贴在肚脐上，然后加压包扎或用宽胶布粘贴，这样做是很不科学的。宝宝的皮肤很娇嫩，长期摩擦，易溃烂感染，胶布易使皮肤过敏，另外包扎过紧还影响宝宝的正常呼吸。

如果您的宝宝患有脐疝，应注意尽量减少给宝宝增加腹压的机会，如不要让宝宝无休止地大哭大闹；有慢性咳嗽时要及时治疗；调整好宝宝的饮食，避免宝宝发生腹胀或便秘。随着宝宝的长大，腹壁肌肉的发育稳定，脐环闭锁，脐疝多于1岁以内便完全自愈，无须手术治疗。但如果脐疝越来越大，脐环直径超过2厘米，甚至发生肠管嵌顿，应及时带宝宝到小儿外科就诊。

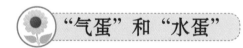 "气蛋"和"水蛋"

"气蛋"——腹股沟斜疝

腹股沟斜疝的发生是由于新生儿的腹股沟管尚未发育完全，当宝宝大哭大闹时腹压增加，部分肠管就可以通过腹股沟管的孔隙进入阴囊，这时我们可以摸到男婴的阴囊出现明显增大，鼓包柔软呈囊状感，用手指轻压鼓包可以将其推回到腹腔，仔细听，还可以听到气过水的声音。

"气蛋"与身体姿势、腹压有很大关系，当宝宝哭闹导致腹压增加或直立时，肿物会增大；当安静或平卧时，肿物会缩小甚至消失（回到腹腔里）。由于右侧腹股沟管闭锁较左侧为迟，所以右侧腹股沟斜疝较多见。有的宝宝的腹股沟管到出生后6个月才闭锁，所以"气蛋"在6个月以内还是有可能自愈的。但是，

如果"气蛋"不纳入腹腔，而且非常紧绷、疼痛，甚至宝宝出现呕吐等全身不适，这就有可能是肠管嵌顿了，应马上手术以防肠坏死。这就要求家长在护理宝宝时应注意观察并注意尽量减少孩子发生一些会使腹压增加过度的行为，如长时间大哭大闹、慢性咳嗽、长期便秘等。随着宝宝的腹壁肌肉渐渐地发育稳定，多数"气蛋"也是有可能自行痊愈的。但如果在6个月以后，"气蛋"仍不消失或有增大的趋势，应去看小儿外科医生，以便获得最佳手术时机。

"水蛋"——睾丸鞘膜积液

睾丸鞘膜积液表现为男婴的睾丸一大一小，或者两边都比正常男婴的睾丸大，摸上去较硬，较为紧绷，如果用手电筒照在其扇面能发现是透亮的，而"气蛋"则是不透光的。这就是俗称的"水蛋"，医学上叫睾丸鞘膜积液。父母要将这两种情况搞清楚，不同的问题要用不同的手段进行有效解决。

"水蛋"多数不用治，如果积液在睾丸周围与腹腔不通，为非交通性睾丸鞘膜积液；如果液体和腹腔相通，也就是说竖抱婴儿时增大，平卧时变小，则为交通性睾丸鞘膜积液；如果在睾丸上方，还有一个单独的囊肿，那就是精索鞘膜积液。新生儿期大多数是非交通性鞘膜积液，多在两岁内自然吸收。如果两岁后仍不吸收，甚至增大，或属于上述后两种情况，就应去医院进行诊治，以便决定合适的处理办法。

 湿疹

婴儿湿疹俗称奶癣，是一种由一些内外因素引起的与过敏有关的皮肤炎症，也有的是特应性皮炎在婴儿时期的一种表现，通常在出生后40天左右发病，未满28天的新生儿也有发病的，但概率很小。婴儿湿疹的病因比较复杂，与遗传因素、免疫因素、饮食因素等有关。有明显的家族遗传倾向，如母亲患有特应性皮炎者，其宝宝出生后3个月内发病率为25%；父母双方都有皮炎则其宝宝发病率高达79%。婴儿湿疹与宝宝自身免疫异常也有关系。食物也是婴儿湿疹的主要原因，如牛奶、蛋类等，尤其是牛奶，有70%的牛奶过敏儿患过湿疹。外界刺激（如日光、紫外线、湿热环境等）也与湿疹的发病有关。随着婴儿的长大，湿疹会逐渐减轻，1岁时大部分消失。

湿疹多出现于面颊、额、颈、胸等部位，急性期患处奇痒，呈红疹，很快变成小水疱，破后流水结痂，进入非急性期则以丘疹为主。由于又痒又痛，宝宝常哭闹不安，甚至影响喂养和睡眠。

局部护理

急性期水疱破后不要洗澡，局部每天用1%～4%硼酸溶液湿敷外洗15分钟，外面涂以15%氧化锌软膏。当以红丘疹为主要症状时方可用温水洗澡，但不要使用肥皂或浴液，仍可用1%～4%硼酸溶液外洗，涂以炉甘石呋喃西林洗剂，家长如果自己分不清病期和病因，则不要乱涂药，应看皮肤科医生。

饮食管理

避免喂过量的食物以保证消化功能正常，如怀疑是牛奶过敏，可将奶煮的时间长些，使其蛋白发生变性；可以减少致敏物，暂停鱼虾、蛋清的进食，病愈后也要注意过敏源和发物。

 皮肤褶皱处糜烂

小婴儿颈部、腋下，还有大腿、腋窝等皮肤褶皱处很容易发生表皮破溃，称为糜烂，这是由于婴儿皮肤娇嫩、身体上肉占的比例较多、颈部短、腋窝和腹股沟等部位通风有限、被湿热所刺激并且相贴的皮肤面相互摩擦所造成的局部皮肤充血、发红，继而破溃，形成表皮糜烂，甚至出现渗液或化脓，有臭味。但糜烂面往往不再扩大至原先暴露之外的皮肤。宝宝常因此哭闹不安，吃奶不香。

处理皮肤褶皱处糜烂，首先应注意皮肤皱褶处的清洁护理。每天洗澡时，将皮肤褶缝清洗干净，特别是略为肥胖、皮肤褶缝深的孩子，妈妈要在给宝宝洗澡后用柔软的干毛巾将水分吸干，保持这些部位干燥，很快就会痊愈。平时洗澡后，可以扑些婴儿专用的爽身粉，注意爽身粉不宜扑得过多，否则痱子粉遇湿结块，更刺激皮肤，而且扑粉过多易使宝宝吸收过多，不利于健康。第二，应注意及时处理，一旦颈部、腋下发生糜烂，可用4%硼酸液湿敷，或用含有硼酸的氧化锌糊剂外涂。

谨防头部摇晃综合征

轻轻摇晃宝宝是可以的，而且还可以安抚爱哭泣的宝宝，但千万不要用力摇宝宝，因为宝宝头部的髓磷脂还不足以起到保护大脑的作用，猛烈的摇晃会使大脑前后碰撞，严重摇晃可能造成头部毛细血管破裂，甚至死亡，这就是人们所说的"头部摇晃综合征"。

🌀 宝宝颈部糜烂妈妈不必太担心，可以通过科学的护理得到改善。

 ## 宝宝频繁打嗝，怎么办

打嗝是由于膈肌痉挛所致，有些婴儿膈神经敏感，膈肌发育还不完全，所以，动不动就打嗝，其实，这是一种正常反射，但父母及家人会为之担忧。遇到这种情况，建议家长减慢喂奶速度，尤其是人工喂养的宝宝；给宝宝拍嗝不要较劲，不要过分猛烈拍嗝，以免过分刺激膈神经，也避免吸进更多空气，加重打嗝；如果持续打嗝，可以轻轻地给孩子揉揉背，喝几口温水或吃几口奶。

 ## 拍了嗝，还吐奶，是胃有毛病吗

宝宝胃的功能尚未发育成熟，漾奶是常见的生理现象。吃奶后只要活动就可能呕吐，吐出一些奶，没有关系，对孩子生长没有不良影响，只要吃奶好，精神好，大小便正常，无须采取什么特殊手段进行处理。另外，喂奶太多、太快也会加重漾奶。多余的奶汁则让宝宝吐掉，这样宝宝会感觉舒服些。

 ## 肚子咕咕叫，是肚子痛吗

婴儿期是快速生长发育时期，这一阶段，婴儿的肠蠕动也比较活跃，肠蠕动就会产生肠鸣音，肚子就会咕噜咕噜叫，婴儿肚皮薄，可隔着肚皮听到咕噜咕噜的声音，所以，咕噜声并不意味着孩子腹痛，不必担心。

给宝宝喂药，技巧很重要

不太苦的药，可以加少量糖，用小勺或奶瓶喂。太苦、太难吃的药，应先喂糖水或奶，然后趁机将已溶于糖水的药喂入，之后再继续喂些糖水或奶。如果宝宝一直是又哭又闹，不肯吃药，只好采取灌药的方法，一人用手将宝宝的头固定，另一人左手轻轻下压宝宝的下巴，右手拿一小匙，沿着宝宝的嘴角送入并压住舌面，将药灌入，待其完全咽下后，再拿出小勺，最后放开固定的手。不要从嘴中间沿着舌面往里灌，因为舌尖的味觉最敏感，易向大脑发出拒绝下咽的信号，哭闹时容易呛着，也不要捏着鼻子灌药，这样容易引起窒息。

对于已经懂事的孩子应讲明道理，耐心说服，并采用表扬鼓励或其他奖励的方法，使宝宝自觉自愿地服药最佳。

⬆ 给宝宝喂药时，可以先将药溶于糖水中喂入，然后再给宝宝喂些糖水或奶。

聪明宝宝智能开发方案

 开垦"荒芜的宝仓"

　　每个婴儿都是以感觉学习的方式一步步发展成熟的，所以，科学而适宜地对婴儿实施"感官刺激"，即让婴儿接触更丰富的感觉信息，给予宝宝感觉—动作学习的机会，从而使宝宝脑潜力得到大大的开发，为将来的学校学习奠定良好的基础，我们把它叫作"感觉教育"。"感觉教育"越早，内容越丰富，宝宝的神经系统向着成熟阶段的发育就越快。0～3岁是儿童感觉教育的关键期，在关键期内，促进感知觉发展，可收到事半功倍之效。如果错过关键期，感知觉潜能就很难理想地发挥出来，即使费九牛二虎之力也难使宝宝达到应达的水平。

　　那么，怎样促进婴幼儿的脑发育，开发大脑呢？从0岁起通过对婴儿的"感官刺激"，激发"无意识探索"，可有效地促进脑发育，开发脑潜能。具体来说，可通过宝宝的视、听、嗅、味、触、重力感等感觉器官将环境中的大量讯息

传入婴儿大脑，经过大脑的组织分析，加工处理，进行有效的取舍，并发出指令，产生相应的肢体动作，由此多次循环重复，可使宝宝在"无意识探索"中，开心的玩耍中获得空间知觉，提高观察力、专注力、记忆力、音乐艺术能力，会产生想象、思维推理、语言表达等，一个处于动物阶段的不成熟的大脑——初生婴儿的大脑，就是通过这样朴素自然的学习方式，迅速而健康地发育成熟起来，并构建多元智商的大脑结构。

婴儿天生都很聪明，而且个个都是十分好学的，只要能给宝宝创造一个探索和丰富感知的学习环境，宝宝都将会是学习的天才。

千万不要为了家长们所谓的"安全"而整天让宝宝躺在小床上，到了宝宝大点该学习爬行的时候，也不让爬。殊不知，这种过度保护和限制不仅剥夺了宝宝自由活动的机会，而且由于全身感官感觉—运动学习不足，尤其是触觉—动作学习不足，是儿童感觉统合失调（如多动、分心、学习能力低下等）的主要原因。

因此，所谓早期教育，就是让宝宝自己去探索世界。

早教益智游戏方案

大动作智能

亲子游戏 练习翻身

游戏目的：

　　促进运动能力的发展，神经系统的发展离不开运动，智慧和情绪情感也离不开运动。

游戏玩法：

STEP1　将毛毯铺于平而硬的板床上，让宝宝呈仰卧的姿势躺在床上。

STEP2　将宝宝的左腿放在右腿上，家长的左手握住宝宝的左手。

STEP3　家长的右手轻轻刺激宝宝的背部，使宝宝向右翻身，翻至整体朝向侧面，进一步变成面部朝下的姿势。

STEP4　也可以与宝宝配合，将玩具放在宝宝的一侧，引起宝宝的兴趣使其翻身，并稍稍给予帮助。在未满4个月前应让宝宝学会自主左右翻身。

亲子便利贴

　　大动作智能发展的阶梯为"三翻、六坐、七滚、八爬、10～11个月站、12～13个月走"，翻身打滚能促进宝宝身体健康，情绪愉悦，双侧大脑协调发展。

精细动作智能

亲子游戏 手的抓握

游戏目的：

　　训练宝宝手部肌肉收缩和放松的自我调节能力。

游戏玩法：

STEP1　在宝宝处于安静且醒着的状态下，让宝宝平躺在小床上。

STEP2　手拿着一个带柄的玩具（宝宝的手有能力抓住的），在宝宝的上方或两侧进行摇动。

STEP3　先让宝宝听到声音，引起宝宝目光的注视，然后宝宝会自动挥动双臂，想抓又抓不到，接着再引导宝宝去抓握。

STEP4　每日训练数次，每次练习3分钟左右。

亲子便利贴

　　3个月以上的宝宝，手的抓握训练应当呈正坐姿势，也就是说，妈妈一个胳膊搂着宝宝的胸脯部分使宝宝坐姿直立、背贴妈妈胸腹部、脸朝前方，妈妈另一只手拿玩具，引起宝宝的兴趣使其不断伸手尝试抓握，大约10天，宝宝就会比较熟练地伸手抓握面前的玩具了。这是手眼协调的一个质的飞跃，爸爸妈妈一定要记录下来哦！

语言智能

亲子游戏 声音回应

游戏目的：

建立亲情，促进宝宝多发音。

游戏玩法：

STEP1 不要忘记随时和宝宝说话，逗乐并引导宝宝多发声音。

STEP2 宝宝发声时，给予积极的回应，如亲切和蔼的语言、稍带命令式的声音及激动的喊叫等。

STEP3 宝宝能对不同的声音有不同的反应。

亲子便利贴

发拖长的单元音或连续的两个音，如"啊呜"等，宝宝渐渐能模仿父母的口形发出声音。

逻辑—数学智能

亲子游戏 感知颜色

游戏目的：

建立宝宝对颜色的感知。这里强调的仅仅是感知颜色，不在乎宝宝是否真的认识红与绿等颜色。

游戏玩法：

STEP1 在床上挂一个红色气球，一个绿色气球，颜色对比明显。

STEP2 将宝宝呈竖抱朝着前面，即让宝宝背贴在妈妈的胸腹前，然后让宝宝注视红色气球，再握起宝宝胳臂，用宝宝的手去击打气球，气球晃动，告诉宝宝这是"红色气球"，再用手打一下，气球重新晃动，再次告诉宝宝"红色气球"，每次游戏1～2分钟。

STEP3 如此反复几天进行上述训练，观察宝宝对红色气球的表情变化，由感兴趣到不感兴趣，表明宝宝已经记住了。再把红气球和绿气球都挂起来，分别感知红色和绿色气球，观察宝宝反应。

音乐智能

亲子游戏 给宝宝唱儿歌

游戏目的：

促进宝宝听觉发展，激发宝宝对音乐的兴趣，唤起宝宝的美好情感，尽快辨认出爸爸妈妈的声音。

游戏玩法：

STEP1 在宝宝精神状态良好的时候，妈妈与宝宝面对面，进行亲子间的对视。

STEP2 妈妈用温柔的声音，有节奏地唱儿歌，并附加一些动作，观察宝宝的表情变化。

空间知觉智能

亲子游戏 随物移动

游戏目的:

通过对宝宝的视觉追视训练,促进宝宝视—动觉发展。

游戏玩法:

STEP1 将宝宝仰卧放在床上。

STEP2 用色彩鲜艳的手指玩具,在宝宝眼前左右来回慢慢移动,引导宝宝目光进行左右追视。

STEP3 注意记录宝宝注视的快慢,追视时间的长短,追视范围,眼球活动是否协调,表情变化,随之发声的次数和时间长短,有无伸手意识等。

认知智能

亲子游戏 亲近母亲

游戏目的:

增进母子感情,让宝宝熟悉妈妈,学习分辨并记住不同人的特征。

游戏玩法:

STEP1 抱着宝宝,让爷爷、奶奶、阿姨、妈妈或更多亲属站在对面。

STEP2 抱着宝宝在这些亲人前面慢慢移动,会发现宝宝接近妈妈的时候显出快乐和急于亲近的表情,并伴有咿呀的发声和手舞足蹈的动作。

亲子便利贴

只有经常和宝宝一起玩耍和照顾宝宝的爸爸妈妈才能引出宝宝的这种想要亲近人的较为激动的行为。一旦亲人离开,宝宝就会哭着叫着不让走,亲近妈妈是宝宝到3个月时才出现的,到6~7个月的时候就越来越明显,并且会拒绝生人的亲近。

人际交往智能

亲子游戏 见人会笑

游戏目的:

学习礼貌动作,提高社交能力,养成乐观开朗的性格。

游戏玩法:

STEP1 选择一个阳光明媚的日子,带宝宝到街心公园或社区活动中心。

STEP2 主动和别人打招呼,让宝宝接触生人,当邻居们逗宝宝的时候,宝宝也会报以愉悦的笑。

亲子便利贴

宝宝长大后再遇到这些邻居,或许会认生,或许会拒绝邻居靠近,对认识的人也许能感到愉悦,但不让抱。过了"认生"期学会社交交往,才会爽快地接受外人的亲近。

IQ、EQ 小测验

分类	项目	测试方法	通过标准	出现时间
大动作智能	翻身	宝宝以仰卧的姿势躺在平板床上，在一侧用玩具车引起宝宝兴趣	能从仰卧的姿势翻至侧着的姿势	第__月第__天
精细动作智能	手握手	宝宝呈仰卧姿势，两侧上肢能自由活动，观察宝宝两手在胸前的位置	出现两手在胸前互握的动作	第__月第__天
语言智能	"交谈"	宝宝高兴时引起宝宝的兴趣，宝宝四肢动弹，做出不同回应与家长"交谈"	大声叫喊	第__月第__天
逻辑—数学智能	颜色感知	在宝宝眼前放不同颜色的气球，观察宝宝所偏爱的颜色	观察宝宝的表情变化及偏爱	第__月第__天
音乐智能	韵律	给宝宝听音乐或唱儿歌，观察宝宝的感受	会报以微笑或做动作	第__月第__天
空间知觉智能	看镜子	宝宝以俯卧的姿势抬头时，把镜子置于面前，观察宝宝表现	对镜注视、笑、发声	第__月第__天
认知智能	认妈妈	宝宝看到妈妈时，观察宝宝的动作、表情	表现出不同于他人的表情	第__月第__天
人际交往智能	见人就笑	带宝宝到户外，引导宝宝与邻居接触	会用笑的表情打招呼	第__月第__天

第四章

第4个月

生长发育月月查

 身体发育指标

	男孩	女孩
身长	59.7～69.3厘米，平均64.5厘米	58.5～67.7厘米，平均63.1厘米
体重	6.8～9.0千克，平均7.4千克	5.3～8.3千克，平均6.8千克
头围	39.6～44.4厘米，平均42.0厘米	38.5～43.3厘米，平均40.9厘米
胸围	38.3～46.3厘米，平均42.3厘米	37.3～44.9厘米，平均41.1厘米

注：身长：增长速度稍微缓于前3个月　　体重：增长速度稍缓于前3个月
　　头围：增长速度开始比胸围减慢　　胸围：实际数值已经超过头围

 智能发展指标

◎ 熟睡中会左右翻转改变睡姿
◎ 能够伸手去取眼前的玩具
◎ 能注视生人
◎ 会依恋熟悉的人
◎ 较于之前会发很多音

🔴 现在的小宝宝已经会转变姿势啦！

养育也要讲科学

教养要点

◎ 丰富环境信息，让宝宝尽情地多看、多听、多摸、多运动、多闻、多尝。

◎ 宝宝会翻身并够取玩具，注意别让宝宝摔伤了。

◎ 加强手的操作。

◎ 丰富视听训练，如不断接触水果、画片、儿歌、童谣、音乐等。

◎ 预防消化不良。

 帮宝宝测测体温

家长都知道发烧对孩子不好，那么究竟多少摄氏度算发烧，体温又该如何测量呢？正常婴儿的腋下体温为36～37℃，而体温的高低变化又与许多因素有关，如哭闹、进食、活动、室温过高、衣着过多等都会使体温升高，但通常不超过37.5℃。

测体温的部位有三处：即腋窝、口腔和肛门。测体温的表有两种：一种是口表，水银球管细长；另一种是肛表，水银球管略粗，以上两种体温表均可用来测腋下温度。现在不用测量口腔温度来测婴儿的体温，因为口表易使宝宝感染某些疾病或出现宝宝将口表咬碎的意外发生。

测体温前，要先把体温表里的水银柱甩到刻度35℃以下。测腋下体温前，应擦去腋窝的汗，然后将体温表水银柱一端放在腋窝中间夹紧。大人将孩子的胳膊扶好，不要让孩子在测量过程中乱动，5分钟后取出读数。如测肛门温度时，应在体温表水银柱端涂以润滑油，如食用植物油，然后缓缓插入肛门3～5厘米深，3分钟后取出读数。注意测肛温时宝宝应取侧卧位，扶住宝宝，以免体温表被弄碎或滑入肛门内。

读数时，应横持体温表并水平转动体温表，看到白色不透明的底色时，即可

 随时注意宝宝的身高，掌握宝宝的身体发育状况。

清晰地显示出暗色水银柱线。体温表用完后，应用酒精棉签擦净，把水银柱甩至35℃以下，以备下次使用。

 ## 给宝宝预测未来身高

如果想预测宝宝长大后的最终身高，可用下列公式来估算：

男孩到成年时身高＝[（父+母）身高×1.08（厘米）]÷2

女孩到成年时身高＝[父身高×0.923+母身高（厘米）]÷2

男孩成年时身高＝男孩3岁时身高×1.87（厘米）

女孩到成年时身高＝女孩3岁身高×1.73（厘米）

如果父母个子矮，而其后代超过父母身高，这说明后天因素起了较为明显且有效的作用。

炎夏，宝宝的特殊护理

炎热的夏天，如果天气太热，可以让小宝宝睡凉席，但如果使用不当，会使宝宝着凉感冒或出现腹泻，因此要注意以下几点：

① 要选择草席，即麦秸凉席，它的特点是质地松软，吸水性好，不像

竹席那样太凉，选择时注意其表面要光滑无刺。

②宝宝不能直接睡在凉席上，要在凉席上铺上棉布床单，以防过凉，能避免宝宝蹬腿时被凉席表面擦破皮肤，又可预防汗疹。

③使用前一定要用开水擦洗凉席，然后在阳光下暴晒，以防婴儿皮肤被凉席上的一些细菌侵入出现过敏。凉席被尿湿后要及时清洗并使凉席总是保持干燥。如果婴儿睡后身上出现小红疹，可能是过敏，要立即将宝宝抱离凉席并观察宝宝皮肤的变化，必要时看医生。

夏天用电风扇通风、散热，可以使人感觉凉爽一些。但婴儿的体温调节中枢发育尚未成熟，电扇如果用得不好，会使小儿体温下降，感冒或腹泻都有可能出现，所以给宝宝使用电风扇时也要注意以下几点：

①电风扇要放置在离宝宝远一些的地方，不能直接对着宝宝吹，也不要固定地向一个方向吹，使用电风扇的目的是使室内空气流通，室温降低。

②吹电风扇的时间不要太长，风速不要太大。

③在宝宝吃饭、睡觉、大小便、换衣服时，不宜直接吹电风扇。

夏天炎热，家中空调使用普遍。要注意空调的风不宜直接对着宝宝吹，制冷的温度也不能太低，另外空调也不宜长时间开放，当室温降到28℃左右就可以关掉，而且要做好室内的通风换气，保持空气新鲜。

 ## 痱子的预防和护理与痱毒的防治

夏季，人体为了适应炎热的气候，皮肤的汗腺分泌大量的汗液，以散发热量。宝宝新陈代谢旺盛，极易出汗，汗毛孔受汗液的刺激，使得娇嫩的、角化层薄的皮肤更易受到伤害，抵抗力降低，致使汗毛孔发炎，妨碍了汗的排泄和蒸发，于是在皮肤上出现密集的红色粟粒疹，即小米粒样的红疙瘩，这就是痱子。痱子一般在出汗多的部位出现，如颈部、额部、胸部、背部等，如果受到感染，就会恶化变成痱毒。

预防痱子首先要保持婴幼儿皮肤的清洁和干燥。勤洗澡，热天可每天洗2～3次，洗澡时不用肥皂，以免刺激皮肤，一定要用温水，可在洗澡水中放小苏打3克或兑好适当浓度的十滴水，或可以滴3～5滴藿香正气水即可预防和治疗痱子，洗完擦干，皱褶处可涂一些痱子粉，最好选择含有适量薄荷成分的婴儿用痱子粉。注意痱子粉不可多涂，因为如果量多的话会在出汗后堵塞毛孔。其次还要掌握好婴幼儿活动的时间和活动量，夏季早晚间天气凉爽，可在户外玩；中午天气炎热时，在室内做些活动量小的游戏，以减少出汗，室内空气要流通。宝宝汗多，可用温毛巾及时擦汗。宝宝的衣服要透气、舒适、凉爽，应选用棉制品，便于活动和汗液的蒸发。

○ 宝宝出痱子之后，可以涂一些婴儿用痱子粉，但不宜过多。

枕套、枕巾要保持干净，宝宝头发不宜过长。不要忘记给宝宝补充水分，以帮助其降温，最好不喝或少喝冷饮，不宜直吹电扇和空调。

如果不慎患了痱毒，在宝宝洗澡后，可在患部部位涂红霉素或金霉素软膏，宝宝的指甲要剪短，以免抓破皮肤引起感染。如果痱毒严重，或出现发烧、精神差、吃奶不香时应及早去医院就诊，积极控制感染。

✿ 给宝宝把大小便的技巧

3个月时，宝宝的头部都能够完全自己立着，4个月时能灵活转动，这时给宝宝把尿更容易成功了。宝宝小便次数较多，而且不费劲就可以排出。实际上，仔细观察宝宝就会总结出规律，宝宝一般饮水或吃奶后大约半小时内都要撒尿。另外，男宝宝在排尿之前一般阴茎发硬，有的宝宝在排尿前有短暂的打战，此时把尿最合适。

训练把尿若借助于条件反射能达到更好的效果，所以应选择固定的时间和地点。时间可在宝宝临睡觉前、睡醒以后、哺乳前后等，地点最好选在卫生间。把尿时家长可以发出"嘘嘘"的声音给宝宝作为该尿尿了的信号，把尿的时间不要超过1分钟，如果宝宝一直不愿尿就应停止把尿，否则会使宝宝产生逆反心理，不利于此条件反射的建立。注意不要过于频繁地把尿，一来影响家长和孩子的正常休息，二来不利于训练膀胱定时地将尿液排出的机能。

别让宝宝饿着肚子吸奶嘴

有的妈妈喜欢让宝宝吸奶嘴，即使是宝宝空肚子，也还是给宝宝吸空奶嘴。这是不好的，因为宝宝饿时口腔内会分泌唾液，胃里也相应地分泌出消化液，为消化食物做准备。再吃奶时，由于口腔和胃里分泌的消化液减少，影响乳汁的消化吸收；另外，吸吮空奶嘴时容易把灰尘、细菌和冷空气吸入口腔和胃，引起宝宝吐奶，还会引起常流口水及口角糜烂的状况，影响口唇及牙齿的正常发育，如出现反颌。

 ## 宝宝昼夜颠倒，怎么办

若宝宝出现白天睡、晚上闹的情况，这可能是由于白天睡觉时间过长使得晚上睡不着、不想睡，就是俗话所说的生物钟颠倒了。纠正的方法是，白天宝宝每次睡觉2小时后就用冷毛巾敷在他的额头上，或者用手揉宝宝双腿，让宝宝慢慢清醒过来，逐渐建立起合理的作息时间，让宝宝体内的生物钟形成正常的规律，从而让妈妈在夜间也能得到充分的休息。

 ## 妈妈上班后如何喂母乳

宝宝长到4个月时，有些妈妈已开始恢复上班了，而有些家长已开始给宝宝添加辅食了。许多家长就误认为这时孩子已经对母乳没什么重要的需求，完全可以用其他食品来替代了。这种想法是不对的。随着宝宝长大，营养素的需求量也会逐渐增加，增添适量辅食是必要的，但如果辅食添加不当，易引起消化不良，更何况宝宝从母体中获得的抗感染物质也在逐渐消耗、减少，抗病能力下降。如果此时以牛奶或其他代乳品等完全代替母乳，就不容易让宝宝的身体完全适应，宝宝可能会发生胃肠功能紊乱，如消化不良、腹泻等，所以千万不要随便放弃母乳喂养，要将母乳喂养坚持下去。

若因工作原因不能白天给宝宝哺乳，可以携带消好毒的奶瓶到单位，定时将乳汁挤入奶瓶并放入冰箱储存起来，供第二天宝宝食用，晚上仍可亲自进行喂奶，每天坚持哺乳三次以上，这样既可保证母乳的充分分泌，又可满足婴儿每次对母乳的需求量，其余的几次可用配方奶粉代替，这样宝宝才能更加健康，爸爸妈妈也能减少很多不必要的担心。

 ## 如何辨别奶粉的质量

主要依据奶粉的气味、口感及色泽等方面来辨别奶粉的质量。

① **气味和滋味**。正常奶粉带有微甜的奶味，饮用时有细腻适口的口感。劣质奶粉有酸臭、陈腐等气味。

② **形态**。正常奶粉呈干燥粉末状，颗粒均匀，无凝块或结团。若发现奶粉已结块，并变色变味，呈颗粒状不易溶解，说明奶粉已经变质，不宜再给宝宝食用。

③ **色泽**。正常奶粉为乳白色、色泽均匀。如奶粉色泽变成褐色，不仅外观给人一种不可食的感觉，而且其中的维生素及必需氨基酸也被分解，营养价值随之降低，不要让宝宝食用。

🌀 宝宝吃的奶粉非常重要，选择要谨慎。

辅食添加是越早越多越好吗

过早添加辅食会出现两种情况：一是过分增加婴儿肠胃的负担。约在添加辅食2周后，会出现食欲减退、拒奶、哭闹、烦躁等症状。过早添加辅食不仅增加了婴儿的胃肠负担，而且不能使被消化的食物或蛋白质在肠内酵解，会产生对人体特别是大脑有害的物质；二是易使婴儿体重超重。部分体质和肠胃适应能力较好的婴儿，虽没有出现上述症状，却表现出体重超重、食欲过于旺盛的现象。所以辅食的添加不宜过早，应当适时适量。

 ## 宝宝吃蜂蜜的学问

蜂蜜，不但味道甜蜜可口，而且含有丰富的维生素、葡萄糖、果糖、多种有机酸和有益人体健康的微量元素，是一种营养丰富的滋补品。但是，蜂蜜中可能存在着肉毒杆菌芽孢，宝宝食用后容易引起食物中毒，所以家长在给宝宝食用蜂蜜时，不能忽视这一不良因素的存在。

蜂蜜在酿造、运输与储存过程中，常受到肉毒杆菌的污染。而肉毒杆菌的芽孢适应环境的能力很强，它在100℃的高温下仍然可以存活。因为成年人抵抗力强，食用蜂蜜后肉毒杆菌芽孢不易在体内繁殖发育成肉毒杆菌和产生肉毒毒素，因此不会发病。而宝宝的抗病能力差，易使食入的肉毒杆菌在肠道中繁殖，并产生毒素；而肝脏的解毒功能也差，因而引起肉毒杆菌性食物中毒。

饮用蜂蜜中毒的宝宝会出现迟缓性瘫痪、哭声微弱、吸奶无力、呼吸困难等症状。因此，尽量不要让宝宝食用蜂蜜，以免引起不良反应。

专家医生帮帮忙

 先天性喉喘鸣

有些宝宝从出生起就有从喉部发出怪声的毛病，家长则会为此感到十分担心。那么这种病的病因是什么，怎样治疗，是否需要手术呢？

这种病叫作先天性喉喘鸣，是喉软骨软化所致。婴儿喉部狭小，吸气时会压迫软骨两侧向后和向内蜷曲，与喉头发生接触，会厌皱襞及榴状软骨均被吸入喉部，阻塞喉部入口，喘鸣音由会厌皱襞振动而产生。轻者呼吸及吸吮不会受到影响，无须特殊处理，偶见的严重者可能会导致进食和呼吸困难，或者反复患有上呼吸道感染。

对先天性喉喘鸣患儿应精心护理、加强营养摄入，及早补充维生素D及钙剂，并注意预防上呼吸道感染疾病。一般喉部间隙随年龄增大，大多在两岁左右喉喘鸣的症状便会逐渐消失，恢复正常，不需手术。如果家长仍对此病症感到困惑和不安，应向医生进行相关咨询。若宝宝有吸吮和呼吸困难的状况出现，应及时带宝宝到喉科看医生，请医生进行诊治。

 腿不直就是佝偻病吗

我们已经知道每个正常新生儿的身体姿势，都是呈屈曲状态的，上肢呈"W"形，下肢呈"M"形，即使捆绑，只要一拆开捆绑物，立即就会还原。有的家长认为自己的宝宝腿不直可能是佝偻病引起的，担心以后宝宝会成罗圈腿，于是就拼命地给孩子补充鱼肝油、钙剂等。其实，我们每个人小腿的胫骨都不是很直的，可以看看自己的腿是否符合上述说法。孩子越小，身体越呈屈曲状，使家长越发感到宝宝的小腿不直，这与佝偻病完全是两回事。佝偻病是由于体内维生素D缺乏导致钙、磷代谢异常，造成骨骼畸形，当孩子在学习站立或行走时，腿骨不能支撑身体的重量，渐渐弯曲才变成罗圈腿或"X"形腿。

如何科学补充维生素D和钙剂

婴幼儿时期是人体生长发育速度最快的时期，尤其是骨骼增长很快，通过补充充足且适量的维生素D和钙剂来预防佝偻病的发生是至关重要的。

根据世界卫生组织的规定，纯母乳喂养的婴儿在4个月时是不需要再食用母乳之外通过其他方式摄入任何营养素的。因为研究表明，母乳中所含的营养成分完全可以满足出生后4个月内的婴儿所需。由于我们国家的饮食结构不同于西方国家，许多孕妈妈及乳妈妈自身就缺钙，所以我国提倡妇女在孕期和哺乳期就应注意进行钙的补充，多吃些含钙量多的食物，如海带、虾皮、豆制品、芝麻酱等。牛奶中钙的含量也是很高的，可以每日都坚持喝500克牛奶，也可以食用钙片补充钙，另外，适当地多晒太阳有利于钙的吸收。

如果乳妈妈不缺钙，则母乳喂养的婴儿在出生后的3个月内可以不吃钙片，只需要从出生后2～3周开始补充维生素A、维生素D，即人们常说的鱼肝油，尤其是在寒冷季节或在北方出生的婴儿，更应注意补充维生素A、维生素D。宝宝出生后3个月时开始补充钙剂。如果是用牛奶喂养的婴儿，应在出生后2周就开始补充鱼肝油和钙剂。用配方奶粉喂养的婴儿，维生素A、维生素D和钙剂补充的量的多少应遵照医生的指导。

一般，0～6个月的婴儿每日钙的生理需求量为300～400毫克。维生素D的生理需求量为400国际单位。因此，每个婴儿究竟如何添加，应当根据每个婴儿具体情况来决定什么时候添加以及添加多少。目前钙剂和维生素D的种类繁多，给宝宝服用前一定要仔细阅读说明书，看不明白就和医生商量并且交流一下，再决定是否给宝宝服用以及服用的量。拿起药就给宝宝吃是不负责任的表现。当前，钙剂基本都是合成钙剂，其中真正有效钙含量是很低的，而吃进去的钙能否被充分吸收是最关键的。有的家长说："我的孩子一直在吃钙片，为什么一检查身体还说缺钙？"那是因为钙剂的补充必须有维生素D的参与，才能被充分吸收。另外，补充钙剂时不应加入牛奶和酸饮料与其混合服用，因为钙在奶中易形成不吸收的钙盐沉淀。补充钙剂可用小勺将用水化好的钙剂直接喂给宝宝。长期以来，都主张晒太阳预防佝偻病，鼓励户外活动，增加日光浴，无论是对孕妈妈、乳妈妈还是婴儿，都是有利于体质的增强的。

让宝宝多晒太阳，可以促进钙的吸收。

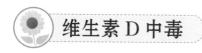

维生素 D 中毒

预防佝偻病，一般采用口服维生素D胶囊（500国际单位）或滴剂，这样是不会引起中毒的。吃一粒伊可欣等于最多能吃进去维生素D的量为300～400国际单位，是绝对不会引起中毒的。维生素D中毒，与误服、滥用、超量、药物过敏等有关，医源性治疗（如注射大剂量维生素D）可导致维生素D的量累积而引起中毒。维生素D中毒剂量各个量之间的差异较大。如果小儿每天服用维生素D 2万～5万国际单位或每日每千克体重服用2000国际单位，持续用数周或数月即可引起中毒。个别敏感的小儿每日仅用4000国际单位，持续1～3个月也会中毒。或者是经常肌内注射维生素D也可能造成中毒症状出现。

维生素D中毒最早出现的症状是：宝宝食欲减退甚至厌食、烦躁、哭闹、低热，如果不仔细分析，家长常常误认为是维生素D缺乏所致。若继续给孩子补充不适量的维生素D，孩子会频繁地出现烦躁和口渴、尿频、夜尿多，由于骨骼、肾、血管均出现相应的钙化而导致其功能出现障碍，如肾衰竭、心脏出现杂音等。

因此，避免维生素D中毒出现的关键，是应当掌握维生素D的使用剂量和应用时间，并密切观察婴儿的表现。必要时向医生进行咨询，按照医生规定的剂量给孩子服用，如果给宝宝吃的奶粉是含维生素D的，应当将奶粉里的维生素D的含量也计算在内，月龄为6个月以下的宝宝，对维生素D的正常生理需求量为400国际单位/每日，如果服用伊可欣，每日吃一粒是不会中毒的。在给宝宝服用任何药前都要仔细阅读服用说明。如果已出现佝偻病，则应在医生的指导下给宝宝进行正确的用药治疗。另外，多数鱼肝油丸是维生素D和维生素A复合制剂，所以，在给宝宝服用前要仔细阅读药物说明。

有部分家长在对关于宝宝相关维生素D的问题上不是盲目给宝宝进行补充，就是谈虎色变，看到网上"维生素D"中毒，立刻吓得手足无措，甚至停止对佝偻病的预防性措施。除了正常婴儿要采取预防措施外，有些患有佝偻病的高危婴儿，如早产儿、双胞

◖ 给宝宝补充维生素D最好在医生的指导下进行。

胎、低体重产儿以及消化功能障碍、慢性病（如慢性腹泻、消化不良）患儿等，更要注意采取预防佝偻病的措施，且应在医生指导下采取有效而正确的预防和治疗措施。

 ## 囟门过大过小是病吗

囟门的大小是与生俱来的，正常囟门对边长为约1.5cm×1.5cm至2.0cm×2.0cm，小者有指尖大小，大者4.0cm×4.0cm以上。囟门过大或过小的宝宝只要头围逐渐长大，且不断增加的数值在正常范围，就不必为此担心和不安。建议妈妈每个月月末给宝宝测量一次头围，并进行记录，接着将记录的内容和本书提示的范围对照一下，如果发现异常，请向医生进行有关咨询。另外，囟门小也可以补充维生素D和钙。

 ## 锌缺乏对宝宝的影响

人体需要锌的量很少，却非常重要。婴幼儿每日锌的生理需求量：0～6个月为3mg/日；6～12个月为5mg/日；1～10岁为10mg/日；10岁以上为15mg/日。（科学提示：锌对生命中物质的新陈代谢、生长发育、神经系统、内分泌、心血管、生殖等全身各系统及其功能有重要影响。）由于我国的膳食习惯，小儿在锌这一方面的营养水平普遍偏低，并且年龄越小，锌缺乏症发生率越高。

锌缺乏症严重的宝宝主要会出现以下几方面问题。

消化功能减退

食欲差，厌食，异食癖等，继发出现营养不良。

生长发育落后

发育滞后，矮小，消瘦，性发育延迟等。

免疫功能下降

主要损害细胞免疫功能。容易发生呼吸和消化系统反复感染。

维生素A缺乏

反复出现口角炎、舌炎、外阴炎、结膜炎，甚至夜盲症等。另外，皮肤黏膜交界处、眼、鼻、肢端可见经久不愈的对称性皮炎，伤口不愈合等。

学能、智能发育迟滞

缺锌使脑核酸、蛋白合成出现障碍，从而影响脑谷氨酸、氨基丁酸代谢，使婴儿学习能力低下，智力（语言、动作、认知等）发展落后。

顽固性腹泻，皮肤黏膜损害，脱发。

因此，锌不可或缺。但补锌也不可过量，过量的锌也是有毒的，每日摄取量如果超过建议量的5～30倍（相当于每日70～450毫克以上），不但对缓解、改善缺锌这一状况没有成效，反而有可能伤害神经、造血及免疫系统。若怀疑宝宝缺锌，应带宝宝去医院请营养专业医生进行诊治。若需要进行药物治疗，需在医生指导下进行。

足月新生儿体内也有较好的锌储备。母乳喂养的宝宝在前几个月内因可以利用体内储存的锌而不会缺乏，但在4～5个月后也需要从膳食中补充。肝泥、蛋黄、婴儿配方食品是较好的锌的来源。总之，全面均衡营养、不偏食挑食是预防锌缺乏的根本，家人细心照料、用心观察是及时发现问题的保证。

宝宝吃了就拉，是消化不良吗

多数宝宝吃完奶很快就会排便，这是因为胃里装满食物以后会对肠道产生从上到下的刺激。这种连带反应叫做胃—结肠反射（gastrocolic，其中gastro是"胃"的意思，colic是"肠"的意思）。早晨喂奶以后人们最容易产生排便的感觉，就是因为在一夜的休息之后，胃和肠的活动又开始进行了。

宝宝在最初的几个月里，这种胃—结肠反应活动最为活跃。吃母乳的婴儿更是如此。每一次宝宝吃完奶都会排便，有的宝宝边吃边放屁、边排便。很多爸爸妈妈为此而感到担心和害怕，认为宝宝出现腹泻，抱着宝宝出入于各大医院寻求有关专家医生进行诊治，甚至给宝宝反复使用抗生素，但是经过反复的大便化验检查，

宝宝排便异常，妈妈要分清症状，对症治疗。

均提示正常。令爸爸妈妈不解的是，还有的婴儿只要一吃奶就会表现排便动作，虽然排不出多少排泄物来，但总是在使劲。只要含着乳头，宝宝就会不停地使劲，以至于连奶都吃不成。在这种情况下，可以停下喂奶等几分钟，先让宝宝的肠道活动稳定下来，然后再试着继续喂奶。

聪明宝宝智能开发方案

 ## 宝宝成长环境的创设

4个月宝宝头部运动、视力和手的操作能力有了更进一步的提高，此后，家长应该在原先宝宝居室布置的基础上作新的调整，促使宝宝对周围环境更能有新鲜感，提高宝宝的追视和手的操作能力，激发探索的兴趣。

可以把墙壁四周和天花板颜色调整得更加明快一些，如果不想去掉原来的色彩图案，可张贴新的卡通图，如米老鼠、唐老鸭、飞机、轮船、胖娃娃、水果、蔬菜等，应勤换给宝宝看的图画且每次的种类为1～2种。研究表明，在鲜艳明快的色彩环境中生活的宝宝，其创造力比在普通白色环境里生活的宝宝要高。环境布置应该本着布局简单、色彩明快的原则，并定期更换，但千万不要太过复杂，令人感到眼花缭乱。有的早教书上会介绍如何布置婴儿房间。有不少家长在房间贴满了画，挂满了玩具，还有识字卡、唐诗等，恨不能马上让孩子变成神童，但是效果可能不够理想，反而可能会使宝宝心绪烦躁。

宝宝的玩具选择应注意安全卫生。玩具应具有可玩性和教学意义，且应无毒、无棱角、不怕被啃咬、不易被吞吃，易于抓握。给宝宝看镜子、嗅味道、听钟表等一定要有大人陪伴才能进行。要让宝宝在玩耍中进行全感官学习。把看、听、触、尝、嗅及运动等感觉和活动联系起来，进行综合感觉学习。每玩一种物品，都要用极简短的语言描述这种物品的名字、用处以及如何使用给宝宝听，让宝宝进行触摸，以强化感知，加强记忆。

 ## 养成和宝宝说话的习惯

1岁半以前是语言发展的感知阶段，是语言表述和语言生成的准备，没有这个阶段的准备，就没有婴儿期后较为熟练的语言表述能力，语言鉴赏和优秀的写作能力。家长要经常和宝宝说话，让宝宝能够自言自语且与家长能有咿咿呀呀

"交谈"的机会。不要认为宝宝小，什么都不懂，其实，此时宝宝已经会察言观色，用自己的思考方式来理解大人说话所要表达的意思。大人跟宝宝说得多，宝宝能够开口说话就会早一些，智力发展也会随之更加迅速。

家长和宝宝说话时，语言要规范简洁。例如，拿着苹果时，跟孩子说"苹果"，不要说"这是又大又甜的果果"。更不要总用幼稚的词句来进行描述，如跟孩子描述汽车时说"嘀嘀"、描述电灯时说"亮亮"、描述小狗时说"汪汪"。

家长还要经常逗宝宝笑并使宝宝感到愉悦，经常边念和唱歌谣给宝宝听，边抱着宝宝有节奏地晃动，以培养宝宝的音感和韵律感。

 ## 翻身打滚是重要的学习

翻身训练是促进左右脑协调发展的重要项目。在翻身打滚动作中，动作的灵活性，手—眼协调，颈部、躯体和四肢肌肉活动的协调都是必不可少的训练课程。也是感官与全身动作协调的关键，"翻身打滚"对婴幼儿学习能力的发展、心理健康的发展都是不可缺少的。

让宝宝仰卧躺着，用一件能发出声音且有较为鲜亮颜色的玩具吸引宝宝的注意力，引导宝宝从仰卧变成侧卧、俯卧，再从俯卧转成仰卧，这个动作过程或许会比较困难，家长可给予宝宝一些帮助。玩时要注意安全，最好在平板床、干净的地板上铺上布垫或在户外的地面铺上表面较为光滑的席子，让宝宝练习翻身打滚。

对4个月大的宝宝来说，翻身打滚是最重要的学习。

大动作智能

亲子游戏 拉坐运动

游戏目的：

　　锻炼宝宝颈部和背部肌肉，帮助宝宝头部伸直和躯干上部挺直。

游戏玩法：

STEP1　宝宝处于仰卧躺时，握住宝宝的双手。缓缓将宝宝拉起，宝宝会自己用力配合坐起来。

STEP2　让宝宝呈后倾的姿势，慢慢躺下成仰卧姿势，接着再次拉宝宝坐起来，经过几次坐起练习，宝宝慢慢会自己用力借助家长双手的力量坐起来。每日数次练习坐起，每次训练1~2分钟，宝宝的表现会越来越棒。

STEP3　拉坐运动结束后，给宝宝做全身整理运动，即反复伸直和弯曲宝宝的上肢，伸直和弯曲下肢，最后替宝宝按揉手心和脚掌。

精细动作智能

亲子游戏 够取吊物

游戏目的：

　　锻炼宝宝的手—眼协调能力，促进宝宝的视—动觉和手—眼协调能力的发展及主动伸手抓握能力。

游戏玩法：

STEP1　让宝宝坐直，用绳子在宝宝面前系一个能够晃动的玩具。

STEP2　先将玩具放在宝宝伸手可及但宝宝自己抓不着的地方，不断让玩具触碰宝宝的手，触到手后，立即把玩具移远一点。

STEP3　宝宝再伸手，玩具又会晃动起来。经过每天多次的加强训练，宝宝终于会用手准确抓握物品了，宝宝会惊喜并感到自豪地想："啊，我终于抓住了！"并兴奋得哈哈大笑。一次次的努力、努力、再努力，获胜、获胜、再获胜，成功的体验为宝宝奠定自信的基础。

语言智能

亲子游戏 逗引发声

游戏目的：

　　引起宝宝的兴趣，让宝宝学习发声，促进宝宝逐渐由发单音向发双音出发和进步。

游戏玩法:

STEP1 拿着一个能发出声音的玩具,一边逗宝宝玩,一边喊:"宝宝,拿!"

STEP2 触碰宝宝的手让宝宝握住玩具,激发宝宝能自发地连续发两个不同的单音的潜力。

逻辑—数学智能

亲子游戏

游戏目的:

建立宝宝对多与少的概念认知。

游戏玩法:

STEP1 在宝宝眼前放两堆不同数量的豆子,吸引宝宝的注意力。

STEP2 告诉宝宝"这是多的豆子",让宝宝认识数秒,再告诉宝宝"这是少的豆子",同样认识数秒。每天进行数次。

音乐智能

亲子游戏 和乐律动

游戏目的:

加强宝宝对音乐节奏的感知,培养宝宝对音乐旋律的感受和欣赏,提高宝宝在音乐方面的素质。

游戏玩法:

STEP1 将宝宝放在床上,呈仰卧的姿势。

STEP2 播放宝宝平时喜欢听的音乐,轻轻握起宝宝的小手。

STEP3 引领宝宝跟随音乐的节拍,挥动双手。

STEP4 慢慢放开宝宝的双手,让宝宝自发地随着节奏挥手。

亲子便利贴

开始的时候宝宝可能不会挥动小手,要给予一定的帮助,宝宝有一点进步的时候,要称赞和鼓励宝宝,并继续进行练习,增强宝宝的韵律感,提高宝宝的游戏兴趣。

空间知觉智能

亲子游戏 寻找声源

游戏目的:

强化宝宝对方向的感知,提高适应能力。

游戏玩法:

STEP1 妈妈竖直抱着宝宝,爸爸手持能够弄响的玩具,站在宝宝视线看不到的位置。

STEP2 爸爸摇动玩具，宝宝会转头寻找声源所在。

STEP3 练习数次，宝宝能够听到声音主动转向声源方向，寻找声源所在。这是提高听觉识别训练。

认知智能

亲子游戏 照照镜子

游戏目的：

发展宝宝的视知觉，调动宝宝的兴趣，产生愉悦的情绪。

游戏玩法：

STEP1 将宝宝抱到镜子前面，让宝宝对着镜中的自己笑和说话，并用手抚摸镜子中的自己。

STEP2 在给宝宝照镜子时突然地拿走镜子并反复几次，以此来引起宝宝对镜子产生兴趣，在给宝宝照镜子的同时指着镜子里的图像，握着宝宝的手指向镜子里的人物说"这是宝宝"、"这是妈妈"。

STEP3 引导宝宝用手触摸镜子里的妈妈和宝宝。渐渐宝宝会产生迷惑："为什么抓不着？"

人际交往智能

亲子游戏 玩藏猫猫

游戏目的：

密切宝宝与亲人之间的关系，激发宝宝愉悦的情绪体验，引起宝宝兴趣并让宝宝发出笑声。

游戏玩法：

STEP1 妈妈抱着宝宝，用毛巾将爸爸的脸蒙上，俯下身子面对宝宝。

STEP2 引导宝宝把爸爸脸上的毛巾扯下来，并笑着对宝宝说："喵儿。"

STEP3 玩过几次之后，宝宝会主动把脸藏在毛巾里同大人做"藏猫猫"游戏。

亲子便利贴

有意识地给予宝宝不同的面部表情，如笑、哭、怒等，训练宝宝的分辨力和反应。

分类	项目	测试方法	通过标准	出现时间
大动作智能	仰卧抬腿	在呈仰卧姿势的宝宝腿上方吊一个红球	抬腿踢球	第__月第__天
精细动作智能	伸手拍物	竖着抱宝宝，握着宝宝前臂让宝宝伸手击打悬吊的能弄响的玩具	会挥手拍击	第__月第__天
语言智能	发辅音	挠痒痒使宝宝高兴，无意识发辅音（ba/ma/bu/ge/gu）	发2个辅音	第__月第__天
逻辑—数学智能	弄清多与少的概念	在宝宝眼前放两堆不同数量的豆子	宝宝看到多和少时表情会有变化	第__月第__天
音乐智能	随着音乐节奏挥手	带领宝宝跟随音乐挥手	会自主挥手	第__月第__天
空间知觉智能	藏猫猫	大人先将自己的脸蒙上，逗宝宝并说："妈妈在哪儿呢？"	笑且动手扯布	第__月第__天
认知智能	照镜子	在宝宝面前放一面镜子	会用手去摸镜子	第__月第__天
人际交往智能	认生	家里出现生人或到新环境时观察宝宝的表现	注视、不笑或拒绝被抱	第__月第__天

第五章
第5个月

生长发育月月查

身体发育指标

	男孩	女孩
身长	59.7～69.3厘米，平均66.3厘米	60.4～69.2厘米，平均64.8厘米
体重	6.1～9.5千克，平均7.8千克	5.7～8.8千克，平均7.2千克
头围	40.4～45.2厘米，平均42.8厘米	39.4～44.2厘米，平均41.8厘米
胸围	39.2～46.8厘米，平均43.0厘米	38.1～45.7厘米，平均41.9厘米

注：身长：比上个月平均增长1.7～1.8厘米　　体重：比上个月平均增长0.4千克
　　头围：比上个月平均增长0.6～0.8厘米　　胸围：比上个月平均增长0.7～0.8厘米

心理发展水平

◎ 自己坐起来并在短时间保持坐姿
◎ 双手能够抓握玩具
◎ 俯卧姿势能够伸手够取物品
◎ 叫自己的名字能够有反应并且回头
◎ 会开怀大笑
◎ 会啃玩具

➲ 5个月大的宝宝已经能自己坐一会儿了。

养育也要讲科学

◎ 预防缺铁性贫血。

◎ 添加辅食：蛋黄、肝泥、米糊、鱼泥、水果泥、青菜汁等。

◎ 每日扶着宝宝练习坐、站、蹦，让宝宝抓悬吊着的玩具。

◎ 发音练习："啊—啊"，"喔—喔"，"咯—咯"，"爸—爸"，"妈—妈"。

◎ 进行听声看物训练。

◎ 进行听觉韵律训练：听儿歌、童话、音乐。

如何科学添加辅食

随着宝宝的长大，宝宝自出生起就吃母乳或配方奶粉，至出生后5个月时如果还是只吃母乳或乳制品，其营养量就不能满足生长发育的需要。如维生素D、钙、铁元素缺乏就会导致佝偻病和缺铁性贫血的发生，并严重影响宝宝的神经系统和体格正常发育。所以，为补充这些营养素的不足，必须及时给婴儿添加辅食。

另外，随着宝宝的生长发育，各种消化酶的分泌也有所增加。5个月的宝宝胃中淀粉酶的活性增强，则可添加淀粉类辅食，以刺激胃肠道，促进消化酶的进一步成熟分泌，增强胃肠道的消化功能，同时还可锻炼宝宝的咀嚼和吞咽功能，为以后断奶做好准备。

添加辅食的方法

给宝宝添加辅食的正确方法是遵循几个原则：由少到多、由稀到稠、由细到粗、由一种到多种。

（1）由少到多：给宝宝添加辅食时，开始只给少量，观察一周左右，如果宝宝不呕吐，大便也正常，就可以逐渐加量。比如米糊一开始先喂1~2匙，看宝宝是否有不良反应，如果没有就可以逐渐加量；鸡蛋一开始先吃蛋黄，从1/4个开始，逐渐加至1/3个、半个、一个，能吃整个蛋黄以后，适应一段时间再加上蛋清一起吃，如做成鸡蛋羹。

（2）由稀到稠：吃粥时从稀到稠逐渐过渡。

（3）由细到粗：辅食从细到粗是指先是制作成"泥"状，如菜泥、果泥、肉泥，慢慢过渡到碎菜、切成小块的水果、肉末，等等。鱼肉比猪肉或牛肉质优，又相对好吸收，所以5个月后宝宝可以先从鱼泥开始进行添加。

（4）由一种到多种：添加辅食不要过快，一种辅食添加后要让宝宝适应一周左右，再添加另一种辅食。注意不要在同一时间内添加多种辅食，如同时添加蛋黄、米糊、菜泥、水果泥、鱼泥，等等。这也是断奶到吃固体食物必经的过渡阶段。有些爸爸妈妈太着急，辅食加得太快，今天加一种，明天又加一种，看宝宝爱吃就一下子喂很多，结果造成宝宝出现消化不良。相反，有些妈妈总怕宝宝吃了不吸收，迟迟不敢添加或继续添加，结果造成宝宝营养缺乏，比如会患上缺铁性贫血。

每个宝宝消化吸收的本领都不一样，父母要根据自己宝宝的具体情况添加辅食，不要死搬书本上的知识，也不要拿自己的宝宝与别人家的宝宝进行攀比，比如，当看人家辅食花样比自己的宝宝多，就着急给自己家的宝宝赶快添加，结果事与愿违，造成宝宝出现消化不良。另外，炎热的夏天以及生病时，宝宝的消化功能往往较弱，此时最好少添加新的辅食品种。皮肤过敏的宝宝应适当推迟添加辅食的时间。

添加辅食的顺序

随着月龄的增长，单纯的母乳或配方乳喂养已不能满足宝宝正常生长发育的营养需求，要及时添加各种辅助食品。4个月以后宝宝开始出牙，消化功能也逐渐增强，给宝宝添加一些半固体、固体食物，有利于乳牙的萌出，也可

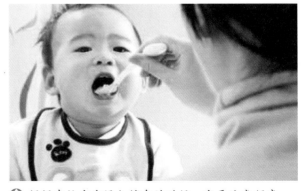

● 妈妈在给宝宝添加辅食的时候一定要注意顺序。

以锻炼咀嚼能力，有利于表情肌的发育和语言的发展，也为以后吃普通饭食做准备。辅食的添加一定要合理，既有一定的原则、顺序，又要因人而异。下面提供一个辅食添加的参考顺序：

4～5个月：鸡蛋黄、米粉或代乳粉、菜泥、鱼泥、水果泥（用小勺刮苹果给宝宝吃也行），应少量地逐步添加。

6～8个月：鸡蛋、稠粥或烂面条、鱼泥、肝泥、瘦肉末、豆腐、饼干或馒头片及切成小块的水果、碎菜等。

9～12个月：鸡蛋、软饭、小饺子或小馄饨、碎肉、碎菜、豆制品、小块蔬菜等。

 ## 牛奶过敏的宝宝，如何呵护

有些人工喂养的宝宝会因牛奶过敏而出现皮肤湿疹，表现为皮肤出现红色小疹，甚至变成水疱样疱疹且奇痒无比，表现为哭闹、烦躁、睡眠不足、食欲下降的症状。有的宝宝还会出现呕吐。若过敏症状比较严重、呕吐频繁，要考虑暂停喂牛奶，或换用另一种品牌的配方奶粉，也可索性换低敏奶粉或改喂奶糊等，直至痊愈。

 ## 宝宝"换奶"要注意

通常，宝宝的换奶指由母乳换成配方奶，或从一种配方奶粉换成另一种配方奶粉。

由母乳换成配方奶粉。从营养角度来说，对宝宝生长发育不会有太大影响，因为婴儿配方奶粉多以牛奶粉为主，以母乳化为设计理念，和母乳营养成分较接近。但婴儿配方奶粉不含可帮助宝宝消化的酵素，因而从母乳换成婴儿配方奶粉，应该从一小匙配方奶粉的量开始进行测试，宝宝吃后如没有不良反应，就可逐渐增加至喂养全量的奶粉。

从一种配方奶粉换成另一种配方奶粉。目前市场上的奶粉有早产儿奶粉、婴儿配方奶粉、免敏配方奶粉、水解蛋白配方奶粉、较大婴儿奶粉等多种奶粉类型，以适应不同年龄段的宝宝的营养需求，但其所含的营养成分差异较大，为婴儿换奶增加了困难。所以在一种配方奶粉向另一种配方奶粉转换时，一定要仔细阅读喂养说明，并了解奶粉的营养量和质量。还应该采取交替渐进性方式进行换奶。基本上每减少1小匙原配方奶粉，就要加上1小匙新配方奶粉，如果宝宝没有不良反应，再互相增减2小匙，以此类推。

通常在奶粉互换的过程中，会造成宝宝腹泻或过敏现象。此时，最好给宝宝换用免敏配方奶粉。在宝宝拉肚子时停用原配方奶粉，直接换成此种配方奶粉，待腹泻改善后，若欲换回原婴儿配方奶粉时，仍需以渐进式添加奶粉方式进行换奶。

止咳糖浆不能滥用

婴幼儿出现呼吸道感染时，最常见的症状是咳嗽。当宝宝咳嗽时，家长往往会给宝宝服用止咳糖浆。由于小儿止咳糖浆味甜，使得孩子喜欢服用，经常会出现用一种不行再换一种的情况，或者两种药物合用，其结果往往会适得其反，咳嗽久治不愈，甚至导致个别患儿咳嗽加剧，病情越来越重，这是什么原因呢？

咳嗽是人体呼吸道免受外来刺激的一种保护性动作。就像吃饭时，饭粒呛入气管内，会引起阵阵咳嗽，最终将饭粒咳出来一样。患气管炎或肺炎时也是这样，通过咳嗽，可将气管、支气管以及肺泡内的病菌以及组织破坏后的产物排出体外，以免这些有毒物质在体内存活。为了使呼吸道保持通畅和清洁，这种有痰的咳嗽对人体是有益的，做家长的不必为孩子出现咳嗽过分着急。但有些孩子的咳嗽是无痰的干咳，反复剧烈的干咳会影响孩子的休息和睡眠，甚至会使肺组织撕裂和肺血管破裂，引起肺气肿、咯血和胸痛等症状，故干咳对患儿是不利的，需要积极进行止咳治疗。对于一般的咳嗽，应以祛痰为主，不要单纯使用止咳药，更不要过量地服用止咳糖浆。目前我国生产的小儿止咳糖浆大多都含有盐酸麻黄素、桔梗流浸膏、氯化胺、苯巴比妥等药物成分，服用过多会出现不良反应。尤其是盐酸麻黄素服用过多，宝宝会出现头昏、呕吐、心率增快、血压上升、烦躁不安，甚至休克等中毒反应。因此，不要给宝宝滥用止咳糖浆，否则有害健康。要按医生的要求给孩子正确服药。

家庭"小药箱"

无论是为成年人还是为宝宝都应该在家里准备家庭小药箱。一般的轻伤小病可以自行处理。家庭"小药箱"中可准备内服药和外用药。

内服药	外用药
小儿发热退烧药，如小儿退热片、百服宁糖浆等；感冒药，如小儿感冒冲剂、小儿双清颗粒、小儿速效感冒冲剂、保婴丹、小儿清咽冲剂等；助消化药，如表飞明、酵母、小儿消食片等；调整肠道菌群药，如培菲康、妈咪爱、金双歧等。	3%碘伏液、1%～2%碘酒、75%酒精、创可贴、棉棒、纱布、脱脂棉、绷带以及止痒软膏、抗生素软膏、托百士滴眼液、红霉素眼药膏等。

在给宝宝使用内服药时，一定要注意看说明书，按小儿剂量服用；在使用外用药时，应注意以下几方面：

3%碘伏液

常用于皮肤擦伤、切割伤和小伤口的创面消毒，作用力度较为柔和。

酒精（乙醇）

酒精是家庭常备的消毒剂，常用浓度为75%，只有达到这个浓度值才能起到杀菌的作用。用于物理降温的酒精浓度为30%左右，也就是说，用1份75%的酒精兑1.5～2份水即可作擦浴用，可给婴儿使用。注意，绝不能用75%酒精直接冲洗创面，因为它对皮肤和肌肉组织有一定的刺激性。

碘酒

碘酒是一种作用强、药效快的消毒剂，常用在皮肤未破的患处及毒虫咬伤的部位。因为碘酒的刺激性很大，当伤口皮肤已经破溃时，就不能使用了。通常使用浓度为2%的碘酒，使用碘酒消毒后，要用75%酒精迅速把碘酒擦掉，以防碘酒与皮肤接触时间过长，烧伤皮肤。

另外，家长也要注意所储备的药品的出厂日期和保质期，各种药物应该有相应的信息标签，写清药名、用法。要定期检查药品，若发现药片变色、药液混浊或出现沉淀、中药丸发霉或虫蛀等情况时，应将其及时丢弃绝不使用。最后提醒各位家长，药品必须保存在宝宝够不到的地方，以防宝宝误服。

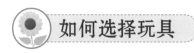

如何选择玩具

不同年龄的宝宝，生理和心理特点不同，所以对玩具的需求也不同。

选择玩具要注意形象应生动美观，能引起宝宝的兴趣并感到愉悦。要考虑到男孩和女孩在兴趣上的差异，如女孩喜欢娃娃，男孩喜欢玩具刀枪、汽车等。

宝宝的玩具要卫生、经济、结实、耐用。一些用嘴吹着玩的玩具，如喇叭、口琴、吹泡泡的塑料管等，应只限于宝宝个人单独玩，在集体游戏中不宜选用。有皮毛附着的玩具，不应给宝宝玩，因为皮毛很容易吸附空气中的灰尘，不仅有很多细菌，同时也怕宝宝随便抓起放入口中吸吮时把不干净的东西吃进肚子里。

宝宝玩具的安全性尤为重要。材料应无毒，表面光滑无锐角，颜色不易脱落。球类玩具不宜太小，像玻璃球、木球一类玩具不应给宝宝玩耍，以免宝宝误吞引起意外。而有响声的玩具其响度最大限度不应超过70分贝。有研究表明，噪声超过100分贝，将对孩子听觉产生严重影响。另外，挂在床上的玩具，父母最好记着每天改变放置的位置，以防止宝宝长时间集中注视一点而造成斜视。

宝宝玩具不应受事先设计的单一方法的限制，可以一物多用，随意对其进行改造、组合、变化，能使宝宝对其感兴趣，产生丰富的联想。

玩具并不一定要购买，有些因地制宜、就地取材制作的玩具也是很有意义的。宝宝身边任何一件能拿到的东西，都有可能成为宝宝的玩具。例如，彩色袜子、帽子、筷子、塑料碗、盘、碟、沙粒、水、小木块、树叶、石子等，或自制的简单玩具。宝宝的视角与成年人是不同的，有时候宝宝们会从意想不到的物品中找到自己喜爱的东西。所以父母在给宝宝购置玩具时，应从宝宝的角度去选择。

接种疫苗备忘录

第三次百白破三联疫苗接种。

姿势与动作异常要警惕脑瘫

小儿脑性瘫痪（简称小儿脑瘫）的核心内容有三个要素和两个条件。三个要素指：发生在脑发育时期受损害，为非进行性，永久性。两个条件：即姿势和动作异常。具体来说就是，出现运动发育迟缓和异常姿势反射与异常运动。这种姿势和运动异常随着患儿的生长发育不断发生变化。

所谓运动障碍是指脑性瘫痪宝宝的运动能力低于同年龄正常儿童，运动自我控制能力差。运动障碍轻的只是手、脚动作稍显得不灵活或笨拙；严重的则是双手不会抓握东西，甚至全身运动出现障碍。

所谓异常姿势是指和正常宝宝相比，脑瘫宝宝身体的各种行为姿势异常、稳定性差，在运动或静止时姿势让人觉得较为别扭、左右两边不协调，双拳或一侧拳紧握，双臂或一侧手臂内收、外展，双腿内收、两腿交叉，尤其是宝宝越紧张这些异常姿势越严重。如果不能及早发现并及早进行干预性治疗（出生后3个月内），患儿将会终身残疾。据国外报道，如果能在患儿出生后3~6个月内立即开始综合治疗，痊愈率能达到90%以上。

小儿脑瘫是如何引起的

脑损伤和脑发育缺陷是小儿脑瘫的直接原因。很多因素都可以构成脑性瘫痪，简单地可分为家族因素、母体因素、分娩因素、新生儿因素四类。

家族因素

家属或直系亲属有先天遗传病，如精神障碍、智力障碍，家族性先天畸形、频繁流产、死产等。

母体因素

如高龄妊娠、习惯性流产、多胎，产出早产未成熟儿，在孕早期受到病毒感染、X线照射、过度吸烟、酗酒、受到弓形体感染等。

分娩因素

产程长、早破水、胎盘前置、胎盘早剥、胎盘功能不良、羊水异常、脐带异常、脐带绕颈、宫内缺氧、妊娠高血压综合征（妊高征）、糖尿病合并妊娠、双胎及多胎、臀位不佳、难产、颅脑损伤、婴儿出生时重度窒息继发新生儿缺氧缺血性脑病、颅内出血等。

新生儿因素

早产儿、未成熟且体积较小儿、过期产儿、重度窒息史、惊厥史、重度黄疸、呼吸暂停、畸形、神经系统受感染、低血糖、中枢神经异常、酸中毒、电解质紊乱、惊厥等。

小儿脑瘫的早期征兆

预防小儿脑瘫的措施，主要为"早期发现，及早治疗"。那么，有哪些早期征兆能让我们感觉"有些不对头呢"？脑瘫患儿很早就会有一些异常表现，这些表现往往提醒家长要尽快带宝宝去看小儿神经科的医生，以便不失时机地及早干预，避免不良后果的发生。

新生儿期的特殊表现

哺乳困难： 婴儿出生后即表现出不会吸吮、吸吮无力或拒乳，或表现为吸吮后疲劳无力，从而使宝宝多出现营养不良、体重不增加或增加缓慢等状况。

哭声微弱： 宝宝出生后十分安静、哭声微弱，还有的会持续哭闹。

自发运动少： 宝宝出生以后不动或很少动，呈无力状态。

肌张力低： 全身瘫软，肌肉松弛。总体表现为全身软塌塌的没有力气。

肌张力高： 宝宝全身发硬，肌张力增大，经常打挺即经常从包裹着的褓褓中窜出去，头背屈曲呈非对称性，有时头偏向一侧，但双腿仍伸直且僵硬状伸展。

新生儿痉挛： 宝宝易受惊、易抽搐，哭声不正常即呈尖叫声或呈烦躁不安状态。

原始反射减弱或增强： 如拥抱反射不出现或反射增强等。医生对婴儿的身体进行有关各种神经反射的检查，并发现异常。

姿势异常： 上肢呈内收、内旋状态，手紧握呈拳状。

◆ 1～3个月婴儿特殊表现 ◆

姿势异常： 拇指内收、手拳紧握或手臂呈内收、内旋状。

特殊表情： 与亲人无法对视，无法做到凝视。

肌肉张力： 头后背、颈不能挺直，头部动作不稳定，总是左右摇摆。俯卧姿势时不能抬头。抬头动作能呈现出抗重力肌的发育情况，正常2～3个月的宝宝可抬头45°～90°。肌张力大，全身紧张僵硬，躯干挺直向后屈曲；或肌张力小，全身瘫软无力，呈非对称性姿势。

◆ 4～5个月婴儿特殊表现 ◆

特殊表情： 目光不会追视，不能集中注意力看人，眼睛不灵活。表情呆滞不自然，家长做出一些举动想要引起宝宝注意但无明显反应。

动作异常： 不会翻身，俯卧姿势抬头与水平所成的角度小于90°或抬不起头。手不灵活，不会伸手抓物或只用一只手抓物时另一只手不动。

肌肉张力： 身体动作逐渐变得僵硬，有轻度角弓反张或下肢交叉的动作出现。

姿势异常： 坐着的姿势呈大幅度前倾或后倾。

◆ 6～7个月婴儿特殊表现 ◆

异常姿势： 呈非对称性姿势。头过度后倾，下肢有双腿交叉的表现。

动作异常： 手不会抓物或手抓物很快就会松开。观察不到宝宝有手、口、眼协调动作。不会伸手够玩具进行玩耍。

肌肉张力： 肌张力增大，上肢有时内旋，手握拳。

原始反射残存： 如拥抱反射、握持反射一般都应在出生后3～4个月便消失，吸吮反射、觅食反射均应于出生未满6个月就完全消失，非对称性和对称性紧张性颈反射均应于未满4个月就消失，等等。但是这些原始反射仍持续残存。

这些特殊表现提示家长应该及早带宝宝去看医生，并且及早进行相关的干预性治疗，即使不能马上确诊，也应该让宝宝进行一些干预性训练，千万不要等到所有的异常都表现出来，才实施训练，到那时恐怕就为时已晚了。

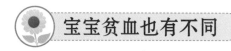

宝宝贫血也有不同

宝宝贫血的判断标准

新生儿期血红蛋白值低于145克/升，宝宝6个月～6岁时血红蛋白值低于110克/升；到了14岁时血红蛋白值低于120克/升，就可以诊断其患有贫血。贫血对0～3岁宝宝脑发育产生的不良影响很大，所以预防和治疗都要积极进行。

营养性小细胞性贫血

贫血的种类很多，出生6个月以后的婴儿出现贫血，最常见的是缺铁性贫血。婴儿从出生到1周岁之间是生长发育最旺盛的时期，体重从3千克增长到9千克，其中血容量增长很快，4个月以后从母体带给宝宝的铁元素基本上被消耗完毕，此时就要靠从外源进行补充，即添加含铁食物。如果没有供应充足的造血原料铁元素，就会发生贫血。当体内缺铁时，就不能合成足够的血红蛋白，从而会引起贫血，此时红细胞体积会变小，血色素的含量也相应减少，称为"营养性小细胞性贫血"又叫作营养性缺铁性贫血。

营养性大细胞性贫血（巨幼细胞性贫血）

另外一种较常见的贫血是营养性大细胞性贫血。如果由于宝宝体内缺乏维生素B_{12}和叶酸而发生贫血，其红细胞体积会变大，数量也相应减少，此时称此病症为"营养性大细胞性贫血"，又叫作"巨幼细胞性贫血"。

混合性贫血

许多宝宝由于喂养不当，不仅缺铁，同时也缺乏维生素B_{12}和叶酸，以至于造成混合性贫血。

另外，反复的感染，也可造成小儿贫血。这是由于感染可使红细胞的破坏速度加快，骨髓造血功能受到抑制，同时还会影响机体对铁的吸收利用。

其他原因有：失血性贫血、溶血性贫血、再生障碍性贫血等一些血液系统的疾病引起贫血。所以对于贫血必须诊断清楚，在医生指导下，进行对贫血和原发病的正确治疗。

什么样的宝宝易患缺铁性贫血

缺铁性贫血是婴幼儿时期最常见的营养性疾病，是由于体内铁缺乏导致的血红蛋白合成减少，从而引发的一种小细胞低色素性贫血。主要发生在6个月至3岁的婴幼儿身上。儿童患病率为23%～35%。

新生儿储备的铁元素，出生4个月后就被消耗掉；铁的储备也与出生体重成正比，所以，早产儿、低体重产儿、双胞胎儿铁储备量相对不足，很容易发生贫血，经常会有腹泻、感染、偏食、营养不良等状况，辅食添加不及时、不合理等也容易出现贫血。另外，人工喂养的宝宝比母乳喂养的宝宝更容易发生贫血。虽然牛乳和母乳的含铁量基本一样，但母乳中的铁较容易被宝宝吸收，较牛乳中的铁被吸收率高出几倍，因此，人工喂养的宝宝容易发生贫血。

宝宝缺铁性贫血对智力、行为和注意力的影响

大脑是智慧的总司令，也是人体供血量最多的器官。血液不仅提供给大脑足够的营养，还提供给大脑工作时需要消耗的氧。婴儿的大脑处于快速生长发育期，因此，特别需要血液中的一些物质提供足够的营养供给大脑进行生长发育。如果宝宝贫血得不到及时的治疗，大脑就得不到充分的养料，则会影响宝宝大脑的正常发育。

特别要提醒的是，宝宝若是严重贫血不仅影响到当前的脑发育、身体的发育，日后还会遗留一系列心理与行为方面的问题，如反应能力低下、注意力不集中、记忆力差以及常有情绪不稳定、脾气暴躁等表现。

因此，一定要积极预防婴幼儿期贫血的发生，以保证其大脑的正常发育。所以，要及时添加补铁辅食，如蛋黄、肝泥、果泥、菜泥等。一般，出生5个月时期开始进行并添加少量补铁辅食并逐步添加补铁辅食。

补充含铁丰富辅食的同时，还要注意补充含维生素C的食物。因为，维生素C有助于铁的吸收。而肠道中的碱性溶液、肠液以及植物中的草酸、磷酸等不利于铁的吸收。蔬菜和水果中含有丰富的维生素C，因此，家长应给孩子补充维生素C含量较高的蔬菜和水果。此阶段的宝宝只能吃糊状食品，家长最好自制果

泥或菜泥，要是觉得自制过程十分麻烦，也可购买成品的婴儿果泥或菜泥给宝宝吃。

如发现宝宝精神不好、食欲差、经常疲乏无力，应观察宝宝是否出现面色、口唇、甲床皮肤黏膜苍白的症状，若存在这些症状，则宝宝很可能患上了贫血，应及时去医院进行检查。

宝宝贫血的药物治疗

贫血的药物治疗，要根据贫血的原因采取针对性治疗。

营养性缺铁性贫血，是由于缺乏造血原料铁元素引起的。纠正这种贫血就要补充铁元素。对于轻度缺铁性贫血，采取饮食疗法即可。即要积极添加含铁量丰富的辅食（肝泥、蛋黄等），多吃含维生素C丰富的蔬菜和水果，以利于铁的被吸收。如果贫血程度较重，就需要在医生的指导下采用药物进行治疗，如采用硫酸亚铁、速利菲、力菲能、健脾升血颗粒等制剂。

巨幼细胞性贫血，是由于缺乏维生素B_{12}及叶酸所致的大细胞贫血，除积极添加辅食外，还应该口服或注射维生素B_{12}及口服叶酸。

在贫血较严重时，往往是混合性贫血的症状，既缺铁也缺乏维生素B_{12}及叶酸，这时要在积极添加辅食的基础上同时补铁和维生素B_{12}及叶酸。

造成宝宝贫血的原因很多，如果是由于感染或腹泻原因造成的贫血，就要及时进行针对性的治疗。如果是由于出血或由于造血系统疾病引起的贫血，则需要看医生进行有效治疗。

含铁强化食品能预防贫血吗

为满足人体中营养素的需要，将一种或几种营养素添加到食品中去，以补充天然食品中某些营养成分的不足。这种经过添加营养素的食品叫强化食品。

近年来，强化食品种类繁多。由于我国婴幼儿缺铁性贫血的患病率高，铁强化食品的品种也应运而生，且越来越多，从铁强化饼干、铁强化奶粉、代乳粉到含铁糖果、含铁饮料、含铁面包，以及铁强化酱油、铁强化食盐等，这些食品父母该不该给宝宝吃呢？答案是不必给宝宝吃铁强化食品。

① 提倡给婴幼儿膳食中增加大自然提供给人类的各种绿色食物，如蔬菜、水果等，而非强化食品。

② 只要做到膳食品种多样化、营养全面而均衡；各种营养素含量比例合适；烹调、制作科学合理。使婴幼儿在均衡饮食营养的基础上，获得全面的营养，通常不会发生营养性贫血。这样，根本不必要给宝宝吃含铁强化食品。

③ 含铁强化食品既不是营养药，也不是预防贫血的保健品，当作一般食品偶尔给孩子吃点还是可以的。但家长不应受广告影响，大量给宝宝进食这些产品。否则，会引起铁过量或营养失衡。

④ 婴幼儿做健康检查后，医生会根据检查结果和膳食情况，给予科学指导，进行膳食调理，必要时给宝宝补充铁制剂。

一般建议家长不要用强化食品对膳食方面进行纠正，家长应避免让宝宝无节制地吃铁强化食品，尤其是不能在短时间内进食大量铁强化食品，严重者会引起铁中毒。

 ## 含铁食品巧制作

蛋黄泥

将鸡蛋放入冷水中开火煮熟，取出蛋黄可直接用少量水或米汤，也可用熟牛奶与蛋黄混合并调成泥状，用小勺喂给宝宝吃。

鱼泥

将收拾干净的鱼放入开水中，煮熟剥去鱼皮，除去鱼刺后把鱼肉研碎，然后用干净的布包起来，挤去水分。将鱼肉放入锅内，加入少许精盐搅匀，再加入适量开水（100克净鱼肉加200克开水），直至将鱼肉煮软成泥状。

肝泥

将猪肝剁碎，放少许水煮烂，捣成泥状，用小勺喂食或放入烂粥、烂面条中混合后给宝宝喂食。

菜泥

将蔬菜水果洗净切碎，加少量水煮至软烂，捣成泥状，将含有粗纤维的渣去除再喂食；或将苹果或香蕉等洗净去皮后用小匙刮成泥状，直接喂食给宝宝。

聪明宝宝智能开发方案

    5个月的宝宝早上睡醒后，很快就能完全清醒过来。而且，马上就要求起床，仿佛是新的一天有很多事在等待宝宝去做似的。的确，由于感知觉能力的不断提高，面对着丰富多彩的世界，小宝宝需要有人对其倾注更多的爱和时间，来陪宝宝读一读关于周围的世界这部活书。原来是随机地见到什么就对宝宝说什么，而现在要有计划地教宝宝认识周围的事物了。宝宝最先认识的是在眼前变化的东西，如能发光的、能发出声音的或会动的东西，像灯、录音机、电视、玩具等。

    认物的过程一般分为两个步骤：一是知道物品名称后学会用目光去注视，二是学会用手来进行触摸。一开始指给宝宝看东西时，宝宝可能会东张西望，但要有耐心地用一些方法来吸引宝宝的注意力，并坚持下去，这个过程每天至少要进行5～6次。通常认第一种东西时要用15～20天，认第二种东西时要用12～18天，学会认第三种东西用时10～16天，随着记忆通道的搭建成功，记忆的速度和记忆的品质会越来越快、越来越高。当然，也有的宝宝几天就能认识一样东西，这要看是否能敏锐地发现宝宝对什么东西最感兴趣。宝宝对越感兴趣的东西，认得就越快。东西要一件一件地去认，不要同时认好几种东西，以免宝宝对此产生混淆；或是学习时间太长，令宝宝失去认东西的兴趣。只要教法得当，宝宝5个半月时就能认出灯，6个半月时能认出2～3种物品。7～8个月时，如果问宝宝"鼻子呢？"宝宝就会笑眯眯地摸着你的鼻子或者自己的鼻子。孩子一般常在学会走后才开始学习认识五官，而此时开始学习认识东西几乎比计划的时间提前了半年。

    教宝宝认知事物要在宝宝有兴趣时进行；要采用全感官学习的方法，即不仅要用眼、耳，还要用手和身体，这样才能加快认知速度。而且，习得的是学习方法、思考方法和解决问题的能力；认知学习是各个感知觉能力成熟的过程，需要逐渐积累，家长不能在这个过程上心急，也不要在乎宝宝认识了什么，认识了多少。认识的结果并不重要，而认识的过程才是最重要的。

吃手、吃玩具也是学习

很多宝宝特别喜欢干的事情就是津津有味地吸吮手指和到处胡乱地触摸。宝宝会将食指伸入瓶口，掏出里面的东西，会用手伸进盒子里抓起掉入的玩具，当家长喂饭的时候宝宝会伸手抓勺子、抓饭，喜欢把手浸在饭碗里，然后将手放入口中使劲地吸吮。家长经常对这些加以阻挠。其实吃手是孩子心理发展必须要经历的阶段，是自我满足的一种方式，只要把孩子的手洗干净了，就不要对孩子的这种行为表现得太苛刻。

宝宝不仅吃手，还经常抓起自己的玩具往嘴里放。5~8个月大的宝宝正值探索事物的萌芽期，当宝宝抓到物品后，除了看一看、捅一捅和敲一敲外，总是把物品放入口中，通过吮一吮、舔一舔、咬一咬等方式来尝试和探索，这是宝宝很重要的探索方式，在探索的同时，还能获得诸多的欣慰和喜悦。此时，父母应注意以下几点：

🌀 5个月的宝宝吃手或是吃玩具都是学习的过程。

① 宝宝的玩具要经常清洗，保持干净，以免因不卫生而引发肠道疾病；

② 有毒的玩具（如上漆的积木）或危险的玩具（有尖锐角或锐利的边的玩具汽车等）不要给宝宝玩；

③ 为宝宝买用手指拨弄的玩具（如用手指拨弄的转盘和发条玩具、玩具钢琴的键盘等）；

④ 为宝宝买软、硬度不同的玩具，让宝宝通过抓握和捏各种玩具，体会不同质地物品的手感，让宝宝的探索活动顺利进行下去。

早教益智游戏方案

大动作智能

`亲子游戏` 拉站跪拜

游戏目的：

　　锻炼腿部支撑力量，提高肌肉关节的柔韧性以及全身运动的协调性。

游戏玩法：

STEP1　伸直双腿，让宝宝呈仰卧的姿势躺在家长的腿上。

STEP2　两手握着宝宝的双手，提起宝宝由坐姿到站姿且站在家长的大腿上，让宝宝保持直立的姿势。

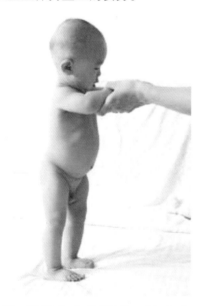

STEP3　托着宝宝的腋下，让宝宝进行跳动，逐步增大宝宝腿部持重力量，鼓励宝宝双腿多活动，使身体保持平衡。

STEP4　让宝宝背对着家长，扶住宝宝的双肘，让宝宝做上身立起和腰部弯曲的动作。

STEP5　每日反复练习几次。

精细动作智能

`亲子游戏` 伸手抓物

游戏目的：

　　增强宝宝主动抓握的能力，促进手—眼协调能力的提高。

游戏玩法：

STEP1　把宝宝扶起呈直立坐姿，即宝宝的背靠着家长的胸和腹部。左手扶宝宝坐稳，右手协助宝宝练习抓握。在宝宝面前放一些彩色小气球等玩具，玩具的排列顺序可从大到小。

STEP2　开始训练时，玩具放置于宝宝伸手可抓到的地方。

STEP3　慢慢移至远一点的地方，让宝宝尝试伸手去抓握。

STEP4　再给第二个令宝宝感到新鲜

的玩具让其抓握，观察宝宝的抓握兴趣所在及灵敏度。

语言智商

模仿发音

游戏目的：

提高宝宝语言学习能力，帮助宝宝巩固发音并提高其发音的兴趣。

游戏玩法：

STEP1 与宝宝面对面，用愉悦的口气与表情发出"wu-wu"、"ma-ma"、"ba-ba"等重复音节，吸引宝宝去注视家长的口形，每发一个重复音节应停顿一下给宝宝模仿的机会和时间。

STEP2 接着手中拿着一个球，问宝宝"球在哪儿？"引导宝宝去抓、握。宝宝会激动地连连发声。

STEP3 这时要注意宝宝能否发出"ma-ma"、"ba-ba"等重复音节，记录宝宝能发出重复音节的音节和时间。

逻辑—数学智能

感知长短

游戏目的：

建立宝宝对长、短的概念以及锻炼对长、短的感知和判断能力。

游戏玩法：

STEP1 取两个长度相差较大的绳子，放在宝宝的面前。

STEP2 引导宝宝注视观察两条绳子数秒钟，让宝宝能感觉到两条绳子的不同所在。

STEP3 将较长的绳子放在宝宝面前，并告诉宝宝"这个是长的绳子"，让宝宝观看、认识数秒。再将较短的绳子放到宝宝面前，并告诉宝宝"这个是短的绳子"，让宝宝观看、认识数秒。

STEP4 每天进行数次，逐渐强化宝宝对长短概念的感知和判断。

音乐智能

蹲蹲舞蹈

游戏目的：

提高宝宝对音乐的感知能力以及对音乐节奏的律动能力，激发宝宝在音乐方面的潜能，培养宝宝的良好个性。

游戏玩法:

STEP1 托着宝宝的腋下，让宝宝站在床上或家长的腿上。

STEP2 随着音乐节拍让宝宝的小屁股一蹲一蹲地跳舞。在这个过程中，宝宝会十分开心，甚至激动地大声喊叫。

STEP3 以后每次播放音乐，宝宝都会随着乐曲的节拍进行舞蹈。

空间知觉智能

亲子游戏 随声寻物

游戏目的:

　　通过视、听、寻找的方式，促进宝宝视听知觉和运动知觉的发展。

游戏玩法:

STEP1 将能弄响的玩具从宝宝眼前不同方向靠近，经过宝宝的视线，让玩具发出声音。

STEP2 观察宝宝是否会转头追视，并观察宝宝眼睛和身体的协调能力。

STEP3 如果能快速随声追寻，接下来便可用不发声的毛绒玩具做同样的游戏，看宝宝能否同样地用目光去追寻玩具，如果追寻就将玩具拿过来给宝宝玩，以此作为奖励，让宝宝得到鼓励。

认知智能

亲子游戏 听声看物

游戏目的:

　　帮助宝宝将名称与相对应的物品联系起来，促进手—眼—脑的协调发展。

游戏玩法：

STEP1 选择一些柔软、能弄出声音、有颜色的玩具，让宝宝将能摸的都摸一摸，能摇动的都摇一摇，能发声的都去听一听，如钟表声、动物叫声、风声、流水声等。

STEP2 不断强调玩具或物品的名称，帮助宝宝认识这些东西。

STEP3 鼓励宝宝在听到物品名后能用眼睛看，这个游戏叫作"听声看物"，渐渐地，随着认知水平的发展，宝宝才能逐渐学会"听声指物"，而且要鼓励宝宝用手去指。

亲子便利贴

"听声看物"是宝宝出生后第5个月的训练重点。开始时不仅让宝宝听、看物体，还要让宝宝用手去触摸，这样，宝宝才更容易认识物体，婴幼儿的认知是在感知运动中发展起来的。"听声看物"是为将来的听课做准备，把声音与事物联系起来，记住学过的东西，逐件反复温习记牢。

人际交往智能

亲子游戏 快乐举高

游戏目的：

促进宝宝的前庭知觉发展，培养快乐情绪和促进亲情间的亲密发展。

游戏玩法：

STEP1 将宝宝抱起来，双臂抱稳宝宝，注意安全。大幅度地左右摇晃，带着宝宝"荡秋千"。

STEP2 将宝宝慢慢举高，说"举高啦！"然后慢慢放下，说"放低啦！"再举高，再放低。

STEP3 反复几次，宝宝会很开心。

亲子便利贴

如此一来，以后每当父母说"举高"、"放低"时，宝宝会将身体向上挺着做准备。但需注意安全。

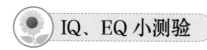

分类	项目	测试方法	通过标准	出现时间
大动作智能	托着站立	双手托着宝宝腋下，让其站在平板床或家长腿上	能站立2秒以上	第__月第__天
精细动作智能	伸手抓握	家长将积木放置在宝宝面前，先从一侧递一个，再从另一侧递一个	两手各拿一个	第__月第__天
语言智能	模仿发辅音	宝宝高兴时，发辅音，如 ba－ba/ma－ma/da－da/na－na等	会发2个重复辅音	第__月第__天
逻辑—数学智能	感知长短	在宝宝面前放一长一短的绳子，反复强化对长短的记忆	宝宝看到长和短时有不同的表情变化	第__月第__天
音乐智能	韵律动感	给宝宝唱歌或放音乐	宝宝会随节拍进行律动	第__月第__天
空间知觉智能	听声寻源	将能弄响的玩具在宝宝周围不同方向进行移动，看宝宝是否去找寻	转头转身寻找	第__月第__天
认知智能	找落地玩具	家长将能弄响的玩具在宝宝眼前让其落地，发出声响，看其是否追寻	探头转身寻找	第__月第__天
人际交往智能	举高或拉起坐直	爸爸将宝宝举高或拉起坐直	能配合爸爸的动作，并做出表情	第__月第__天

第六章

第6个月

生长发育月月查

 身体发育指标

	男孩	女孩
身长	63.4~73.8厘米，平均68.6厘米	62.0~72.0厘米，平均67.0厘米
体重	6.5~10.3千克，平均8.4千克	6.0~9.6千克，平均7.8千克
头围	41.3~46.5厘米，平均43.9厘米	40.4~45.2厘米，平均42.8厘米
胸围	39.7~48.1厘米，平均43.9厘米	38.9~46.9厘米，平均42.9厘米

注：身长：比上个月平均增长2.2~2.3厘米　　体重：比上个月平均增长0.6千克
　　头围：比上个月平均增长1.0~1.1厘米　　胸围：比上个月平均增长0.9~1.0厘米

 智能发展水平

◎ 会自己坐立片刻
◎ 会将积木相互撞击
◎ 会扔、摔玩具
◎ 会认生、发脾气

🔆 6个月的宝宝开始认生了，并且爱发脾气。

养育也要讲科学

乳牙萌生

乳牙的生长发育是一个漫长的过程，乳牙在胚胎期2个月时就开始发育，除遗传因素外，孕期营养决定了乳牙的生长发育速度，宝宝出生后的营养和全身健康状况也会影响乳牙的钙化和萌出。

一般情况下，宝宝半岁左右萌出第一颗乳牙，2岁半左右萌出全部乳牙，共20颗。乳牙的萌出遵循一定的时间规律，又按一定的顺序来进行。最先萌出的是下排中间的两颗切牙，并且是一对同时萌出；然后是上排中间的切牙、侧切牙、磨牙等。它们萌出的时间和顺序详见下页表。也可以用一个公式来计算：婴儿月龄减4～6作为该月平均出牙数，如10个月的婴儿出牙数=10－（4～6）=6～4个，即应出牙4～6颗。

由于每个孩子的个体存在差异，包括婴儿营养状况及乳妈妈的营养状况不同，会影响婴儿乳牙的萌出时间，因此有的早，有的晚。一般的早与晚在时间相差上为半年左右，即小儿萌出第一颗牙最晚不应超过1岁，如超过1岁，就属于不正常现象了，应该到医院口腔科就诊检查。

乳牙名	萌生月份	牙总数（颗）
下排中间切牙（2个）	5～10	2
上排中间切牙（2个）	5～10	4
上下侧面切牙（2个）	6～14	8
第一磨牙（上下各2个）	10～17	12
尖牙（上下各2个）	18～24	16
第二磨牙（上下各2个）	20～30	20

为什么有的宝宝乳牙萌生时间过晚

首先，与宝宝自身的营养状况和健康状况有关，如营养不良、佝偻病、呆小症等全身性疾病都会影响乳牙的萌出。

其次，与母亲孕期及哺乳期的营养状况有关，我们知道乳牙在胎儿时期就开始生长发育了，如果孕妈妈营养不良就会影响到乳牙的生长发育；哺乳期的母亲营养低下也会影响婴儿对钙、磷的吸收，导致出牙过晚。

宝宝乳牙萌生时间过晚还有可能与一种罕见的疾病——先天性无牙畸形有关，这种患儿不仅表现出缺牙或无牙的症状，而且还有其他器官出现发育异常，如毛发稀疏、皮肤干燥、无汗腺等。如果发现这类症状，应及早带宝宝就医。

另外，口腔中的一些其他病变也可能对出牙不利。

若宝宝过了1岁仍迟迟不出牙，家长则应对其引起注意，可带宝宝到口腔医院就诊，必要时需进行拍片来排除一些先天疾患来针对病因及时治疗。不过，后几种情况是很少见的，所以家长们不要持有谈虎色变的心态，因为不同个体之间的差异是很大的。

乳牙萌生期的困惑

在乳牙萌生期，宝宝由于牙床肿痛、发痒，甚至会引起发热。所以，宝宝会有一些不寻常的表现，如将手指放在嘴里嚼、边嚼边叽里咕噜地说话、流口水、情绪不稳定、烦躁等，都属于正常的生理现象，家长对此不必感到焦虑。但需要注意保持宝宝口腔的清洁卫生，喂奶后喂给宝宝白开水来清洁口腔，给宝宝食用手指饼干或牙胶等略硬的磨牙食品进行磨牙，以缓解宝宝的不适感。

⬆ 宝宝长牙的时候会将手指放在嘴里嚼，这时妈妈要给宝宝一些磨牙食品，缓解宝宝的不适。

出牙期营养需求

蛋白质

1岁以内的宝宝，母乳喂养的每天每千克体重需蛋白质2.5克，牛奶喂养的每天每千克体重需蛋白质3.5克。奶类中的蛋白质的含量可满足该时期宝宝的需要。

脂 肪

脂肪是提供人体热能的主要来源，其中不饱和脂肪酸对人体代谢起着非常重要的作用。乳类中的脂肪含量较充足，可满足宝宝的需要。

碳水化合物

碳水化合物是人体主要的热能来源。母乳中所含的碳水化合物能满足宝宝的需要，由于牛奶含糖量偏少，所以在给宝宝食用牛奶时则需要加糖。

矿物质

矿物质包括钙、钠、钾、镁、硫、锌、铁、碘等元素，是一类含量较少，但对人体有重要作用的营养素。

维生素

维生素是一种与人体代谢有重要关系的有机化合物，大部分不能在体内合成或合成的量不足，必须从食物中摄取。

水

水是人体需要量最多的物质，千万不能轻视。

流口水的宝宝，如何呵护

　　唾液俗称口水，一般成年人的唾液腺一昼夜可分泌唾液1000～1500毫升。唾液含淀粉酶，可以湿润和分解食物，并且具有杀菌的功能。成年人有正常的神经反射和吞咽功能，所以虽然唾液分泌量很大，但不会流口水。新生儿的唾液很少，随着日龄的增长而逐渐增多，到了出生后4个月时每天分泌量为200毫升左右，5～6个月时，由于乳牙的萌出对牙龈神经的机械刺激及半固体、固体食物的添加，使唾液分泌量明显增加，而宝宝吞咽功能尚未发育成熟，来不及吞咽分泌唾液，口腔又比较浅，因此常常使唾液流出口外，这属于正常现象，家长们不用太担心。随着牙齿的长齐、口腔深度的增大，吞咽功能的完善，流口水的现象会逐渐消失。

　　有些状况下流口水是属于病态的，如宝宝患口腔炎、口腔生疱疹、口腔溃疡等，此时流口水会伴有疼痛、拒食等其他症状，所以不难判断。

　　家长要护理好口水多的宝宝口周和下颌皮肤，以免发生溃烂。洗脸后给宝宝涂一些婴儿护肤霜，戴纯棉口水兜，多准备几个以便每天清洗更换。

 ## 预防蚊虫叮咬

　　① 可以用电蚊香，但最好不要靠近宝宝睡觉的地方，以免宝宝的黏膜受到刺激。

　　② 对宝宝来说，使用蚊帐是一个切实有效的防蚊虫叮咬的方法。然而使用蚊帐时，父母不要忘记每天帮宝宝驱赶进入到蚊帐里的蚊子，同时还要注意保持蚊帐内空气流通。其实，想使室内无蚊或宝宝免受蚊虫叮咬之苦的最好方法，就是安上纱窗纱门。

　　③ 夏季炎热，会经常给宝宝洗澡，洗澡之后，给宝宝适当地涂抹一些婴儿用驱蚊花露水、宝宝金水，也可以防止宝宝被蚊虫叮咬。

　　④ 已被蚊子叮咬的宝宝，在擦药前先用水洗净患部，再涂上药。市面上治疗蚊虫叮咬的宝宝药有很多种，如宝宝金水等，可以根据自己的习惯选用，但不要涂在靠近宝宝眼睛的地方。

酸奶能代替牛奶吗

母乳是婴儿最佳的天然食品，有时因为母亲患疾病或上班工作，导致乳汁不够吃或者无法哺乳时，只能人工喂养。目前，基本都选用配方奶粉喂养。因为，配方奶粉的营养成分是根据母乳的营养配制的，虽然不同于母乳，但比鲜牛奶更适合于婴儿。

而酸奶是在新鲜牛乳中加入酸类品制成，比如在100毫升牛乳中加乳酸0.5～0.8毫升或橘子汁6毫升便可制成酸奶。制备前将牛奶先煮沸且消毒后待其冷却，加乳酸时用滴管，一边滴一边将其搅匀，否则易形成较大的凝块。制成的酸奶其酪蛋白凝块体积减小，因此，较纯牛奶来说更容易消化被人体吸收。但目前市面上所售的酸奶是将乳酸杆菌加入鲜奶中，使奶中乳糖变为乳酸而制成，它的营养成分也不完全同于牛奶，在三大营养素中的糖分明显减少，而且如果制作时用的不是全奶，其营养成分会更低。所以6个月以下小婴儿不宜食用酸奶。

现在市面上还有不少用乳酸菌制成的乳酸奶，比如喜乐、乐百氏等，它们的味道很受宝宝喜爱，也容易消化被人体吸收，稍大点的宝宝适量地吃一些是可以的，但不能代替牛奶喂养宝宝，因为它们不是由纯牛奶制成。由于含的牛奶量少，因此营养素也远远低于牛奶，其中蛋白质、脂肪、铁和维生素的含量只相当于同量牛奶的1/3左右，长期以这样的奶制品代替牛奶喂养宝宝，会造成宝宝营养缺乏，影响宝宝正常的生长发育，所以酸奶不能代替牛奶喂养宝宝。

宝宝便秘怎么办

宝宝如果出现排出的大便又干又硬、排便次数减少、排大便时困难等状况，就可断定宝宝便秘了。宝宝便秘时大便很费劲，甚至出现肛裂、大便挂血丝等症状。令父母很紧张，宝宝每到排便时就像在战斗一样。所以，家长必须学会一些宝宝便秘的预防和治疗办法。

对于宝宝便秘，重在预防。半岁的宝宝应从饮食管理和增加运动着手。可以适量喝点菊花茶或菜水、果蔬泥、菜粥等，以增加肠道内的纤维素的摄入，促进

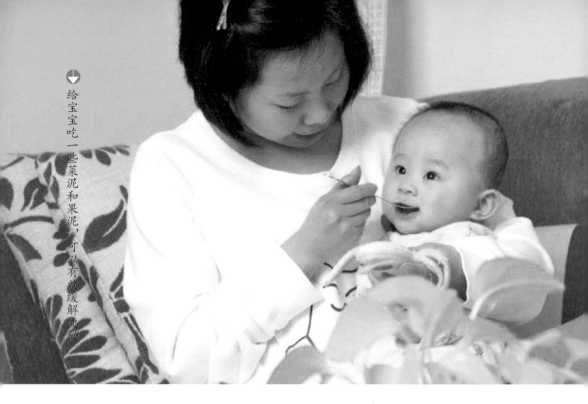

给宝宝吃一些菜泥和果泥，可以有效缓解便秘

胃肠蠕动。如果是用牛奶喂养的宝宝，可在牛奶中加入适量的糖（5%～8%的蔗糖）以软化形成的大便；训练宝宝养成定时排便的好习惯。宝宝3个月左右时，父母就可以帮助宝宝逐渐形成定时排便的习惯了；保证宝宝有足够的活动量，因为运动可促进肠蠕动，因此要保证宝宝每天有一定的活动量，要给宝宝增加翻身打滚的机会。不要长时间把宝宝独自放在摇篮里。

饮食调整

多喝白开水，6个月以下的宝宝要适当喂菜汁、果汁，6个月以上的宝宝可吃菜泥、碎菜、果泥，还可适当地给宝宝吃一些粗粮粥，或给宝宝吃一些酸奶。酸奶里添加有益生菌可以调节肠道菌群的活动，改善肠道功能，促进消化，对便秘或者腹泻都有缓解作用。但不能长期用酸奶代替配方奶粉。

腹部按摩

腹部按摩不仅能强身、健脾胃，而且能清理肠道中的有毒废物，还可用此法来调整胃肠功能，治疗便秘和腹泻。

方法是以手掌心对准宝宝的肚脐（神阙穴）顺时针旋转按摩，每天2次，每次3～5分钟，手法上要求力度要适当且缓慢而连续；再用手指指腹于宝宝肚脐左侧下方，即大便积存的地方，往下推揉20～30次。

若是以上方法均无效，或者因宝宝近期服用过抗生素，则可适当服用药物来调理胃肠。如妈咪爱、整肠生、金双歧片、四磨汤口服液等，选择其中之一即可。具体用药及用量请仔细阅读说明，切忌随便给宝宝服用成年人用的泻药。

如果宝宝已经几天未大便了，则应采取协助排便措施，如使用开塞露，或以棉签蘸香油，帮助宝宝进行排便。

训练宝宝自己睡

训练宝宝自己睡，首先要在生活中给宝宝建立安全感。宝宝从4～6个月大开始会与周围的环境有所互动，在妈妈离去一个人独处时，会产生紧张的情绪。将宝宝一个人独自留在床上或房间里，宝宝会大声哭喊，表示抗议与恐惧。因此，妈妈离开宝宝前，应先告诉宝宝："妈妈就在这里，你在这儿睡，妈妈一会儿就过来。"并且在旁边做事时，要与宝宝答话，让宝宝听到你的声音，对宝宝的叫喊声要及时作出回应。若发现宝宝情绪不稳定，要及时走过来看看宝宝，让宝宝明白妈妈就在身边。这种生活中的安全感能给宝宝独自睡的勇气与信心。再者，从小就养成独睡习惯的婴儿，长大后一般不会有对环境不适应的感觉。

睡前要让宝宝有个愉快的心情，妈妈在给宝宝规定睡眠时间的时候，应该营造一种轻松温馨的气氛，坐在宝宝身边给宝宝讲故事、播放催眠曲，或给宝宝听听轻音乐等，不一会儿宝宝就会进入梦乡。有些爸爸妈妈虽然给宝宝准备

从现在开始，妈妈就可以训练宝宝自己睡觉了。

了独睡的小床，但仍旧不习惯和不放心宝宝一个人睡。其实这些担心都是多余的。另外，有一些宝宝非常黏父母或熟悉的人，分离时所产生的焦虑程度十分严重，这部分孩子则需要个别化针对性的教育对策。还有一些需要特别关注的宝宝是难产儿，是由于在触觉上防御过度所致，需要针对性的触觉调适。

 ## 本月预防接种（注射流脑疫苗）

注射流脑疫苗是为了预防流行性脑脊髓膜炎（简称"流脑"）。此病是由脑膜炎双球菌引起的急性传染病，在冬春季发病和流行，主要是15岁以下的孩子发病，表现为高热、剧烈头痛、喷射性呕吐、皮肤上有小出血点、颈项强直、昏迷、惊厥、休克等症状，死亡率比较高。

宝宝在出生满6个月时就要注射流脑疫苗第一次，在流脑流行地区的宝宝在距离接种第一次的3个月后要复种一次。3岁时必须加强一次，才能使抗体维持在有效的免疫水平上。

大部分地区在11～12月份注射流脑疫苗（北京地区在12月份），如果孩子在9月份已满6个月，要等到12月份再注射流脑疫苗；如果预计在12月份注射流脑疫苗，但是期间孩子才满6个月的月龄，那就要等到下一年的12月份才能注射。

接种流脑疫苗后的反应比较轻微，偶尔有人出现短暂低热，有些年龄较大的宝宝（8～12岁）偶尔出现过敏反应，即在接种后的十几小时内皮肤出现疱疹等，此时应带孩子去看医生。注射局部可能出现红晕和压痛，但是一般在24小时内消退，不用进行特殊处理。

接种疫苗备忘录

1. 流行性乙型脑炎疫苗：进行初次免疫，一共2针。一般在接种第一针后，间隔70天接种第二针。此后，在1岁、4岁、7岁时还需各接种一次加强针。

2. 流行性脑脊髓膜炎疫苗：进行初次免疫，一共2针。第一针在6个月大时接种，在此疾病流行地区间隔3个月后注射第二针。3岁时还需接种一次加强针。提醒一点：最好在每年的11～12月份接种流行性脑脊髓膜炎疫苗，使体内的抗体在流行高峰期保持较高较为有效的活性。

专家医生帮帮忙

 半岁啦，开始有助宝宝身体强健的按摩吧

宝宝半岁后其身体内从母体所带的抗体就逐渐减少，宝宝便进入易得病的阶段，也使一些妈妈进入忐忑不安的时期。其实，与其担心，不如首先让宝宝增强体质，防患于未然。不妨每天花5～10分钟的时间给宝宝进行强身按摩，就是给宝宝"揉手"、"捏背"，既简单，又无不良反应。

揉手

补脾旋揉：以拇指指腹顺时针旋揉宝宝大拇指指面100～200次。

清肝旋揉：以拇指指腹顺时针旋揉宝宝食指指面100～200次。

清心旋揉：以拇指指腹顺时针旋揉宝宝中指指面100～200次。

补脾经和肾经：旋揉宝宝无名指指面和小指指面100～200次；揉宝宝双手（大鱼际）板门100～200次。

捏背

双手拇食指缘推捏宝宝脊柱两侧5次，在脾俞、胃俞、肾俞处各捏提1次。

 治疗宝宝盗汗的推拿按摩疗法

宝宝被褥、衣着不厚，但入睡后出汗特别多，且持续时间长，夜里后半夜也出汗较多，叫做盗汗。按摩方法如下：

补肾经200次，在孩子的无名指面顺时针方向旋转推动。

泻心经200次，在孩子中指末节面，由中指端向手掌方向直线推动。

补肾经200次，在孩子的小拇指面顺时针方向旋转推动。

补脾经200次，在孩子的大拇指面顺时针方向旋转推动。

推六腑200次，在孩子的前臂阴面靠小指那条线，用大拇指面或食中指面自肘推向腕。

揉涌泉300次，在孩子脚底板的前1/3凹陷处进行。

捏脊5遍。

小儿惊厥

小儿惊厥的原因很多，属于重症，需要及时诊治，家长必须善于对宝宝进行观察，出现不好的症状应及早带孩子去看医生。

维生素D缺乏性惊厥

半岁左右宝宝的惊厥最常见的原因是维生素D缺乏性手足搐搦症。其中3～6个月发病的比例几乎占了2/3。如果宝宝血钙低于7mg/dl，其神经肌肉兴奋增强，接着就会出现惊厥。婴儿处于生长发育最快的阶段，需要的钙质相对较多，维生素D是帮助钙被吸收的，维生素D缺乏就很容易导致低钙惊厥。尤其在早春时节婴儿发病率最高，这种惊厥一日发作多次，每次只持续几秒钟至几分钟，有时发作不是全身惊厥，只是眼肌、面肌或手指、足趾的细微颤动，不发作时精神和饮食如往常一般没什么两样，也不发烧。如果宝宝出现手足搐搦症的症状就一定要去医院进行诊治，科学补充钙质和维生素D便会很快痊愈，不会留下后遗症。

高热惊厥

多发生于6个月～3岁的小儿。一般多发生在由感冒引起突然高热时，如果是发烧好几天才出现的惊厥应多考虑其他病因，比如化脓性脑膜炎、中毒性脑病等，当然这些病都很重，有特殊的临床表现。

小儿痉挛症

这种病起病的年龄也很小，多在宝宝3～7个月，发作时手足及头突然前倾，常伴有哭叫，每次发作只有1～2秒钟，每天发作得很频繁，宝宝不发烧。这种病属于癫痫病的一种，病因尚未十分清楚，但其所导致的后果不好，宝宝智力明显落后，但是此病比较少见。

预防宝宝"上火"

我们常常会见到宝宝有便秘、尿黄、眼屎多、口舌生疮等症状出现，于是老人们会提醒年轻爸妈说这是孩子"上火"了。"上火"其实系民间的说法，用中医辨证来说可能是由于积食、排泄功能障碍等引起的。而人工喂养的宝宝较母乳喂养的宝宝来说更容易"上火"。日常生活中采用以下的方法进行调整：

① 多喝水：宝宝皮肤薄，很容易丧失体内的水分，尤其是在夏天和秋天，水分的丧失更加严重。在两餐哺乳或正餐之间给宝宝多补充水分是预防上火的最简便的方法。

② 多吃蔬菜、水果：果蔬中的粗纤维对预防宝宝便秘很有帮助。

③ 给宝宝喝一些绿豆汤或绿豆粥也是清火的好方法。

④ 控制宝宝的零食量，不要吃辛辣、油炸、膨化食品以及补养品等易上火的食物。

⑤ 帮助宝宝养成有规律的排便习惯，及时将体内的毒素排出来。

⑥ 即便是断了奶的宝宝，配方奶粉也仍然是宝宝们每天必不可少的食物，所以应该给宝宝们选择质量可靠的配方奶粉补充营养。

⑦ 吃、玩、睡，是宝宝生活的三大环节，合理运用生活规律也是预防"上火"的法宝，所以爸爸妈妈要根据宝宝的生理规律，把吃饭和睡觉的次数及时

照顾好宝宝的吃、玩、睡，是预防「上火」的三大法宝。

间固定好，其余的时间用来活动并尽可能保持每天2小时以上。宝宝长到10个月，辅食已逐渐变为主食，每天吃饭、吃奶共5次，两次饮食间隔约4小时。白天睡觉可逐渐由3次改为上午、下午各一次，每次约2小时，晚上睡10个小时，一昼夜约睡14个小时。

中药也不能天天吃

中药大部分是天然植物，有效成分比较复杂，主要有效成分有生物碱、皂素、鞣酸、挥发油等。目前生产的小儿中成药，如"至宝锭"、"肥儿丸"、"一捻金"等，对小儿科常见病的各种轻症阶段，往往能取得一定疗效，所谓小病早治，防变大病，因此在婴幼儿中应用很广，深受家长喜爱。但俗话说"是药三分毒"，其多数会有不同程度的不良反应，况且，每一种药物都有一定的应用范围，治疗百病的药是没有的。把小儿中成药当作预防用药，天天定时服用，这种做法很不科学。

"至宝锭"在药物成分上，除有消食导滞的槟榔、炒山楂、神曲、麦芽、陈皮、木香、滑石等药外，还配有清热、镇惊、祛风、化痰的解表药物，对头痛身热、疏风镇咳、内热惊风、睡卧不安均有功效。但"至宝锭"的药壳是用具有防腐作用的朱砂制成的，朱砂的主要成分为硫化汞，常混有雄黄，雄黄中含有元素砷，长期服用汞和砷元素会蓄积到一定程度引发中毒。"至宝锭"尚含有牛黄、麝香、冰片、全蝎等药性较峻烈之品，长期服用会影响宝宝身体健康，特别是肝、肾功能不正常者，更不宜服用。

"肥儿丸"的方剂组成上有导滞、消疳、杀虫的槟榔、使君子、胡黄连，又有理气、化滞的枳实、木香，还有健脾胃的白术、肉蔻。此中药可以驱虫、行滞、健脾、补气，对于初起轻症的"虫疳"患儿，恢复胃肠功能，使小孩变胖，效果较好，但对于病重且服后无效者，应去医院做进一步检查，不能盲目久服此药。

"一捻金"由五味药组成，即槟榔、朱砂、牵牛子、人参、大黄，具有消积、通利、化滞、坠疾功效，服后会使大便次数增加，绝对不宜天天服用。当宝宝有病时，要到医院诊治，应在医生的指导下，合理使用小儿中成药，千万不能盲目给孩子服用，更不能当保健品天天服用，以防适得其反。

聪明宝宝智能开发方案

 ## 帮宝宝度过认生期

6个月的宝宝对陌生人开始躲避，遇到陌生人会将脸倒向母亲怀里，表现出害怕或者哭闹。怕医生、护士和保育人员，也怕新来的保姆。所以母亲如在宝宝出生6个月后要上班就应及早进行安排，早请保姆让宝宝对其慢慢熟悉，或早些请亲属慢慢与宝宝进行接触，待宝宝熟悉之后才能在母亲上班后照料婴儿。婴儿也害怕去陌生的地方和接触陌生事物，要由亲人陪同来逐渐熟悉新的环境和新的事物。有些婴儿害怕大的形象玩具，宝宝要亲人陪伴着一起玩，熟悉之后才能渐渐消除恐惧。

 ## 训练宝宝发辅音

宝宝第一次无意识地叫出"爸爸"或"妈妈"时，对于年轻的父母来说，这是多么激动人心的时刻啊！此时的宝宝已经开始模仿家长发出双辅音，有些宝宝会不由自主地发出"爸爸"、"妈妈"等声音。

⤴ 妈妈要善于引导宝宝进行辅音发声练习。

这时候宝宝还不懂其语意，但家长比如说爸爸一定要让宝宝看着并用手指着自己并重复叫着"爸爸"。这样反复多次以后，当爸爸说"爸爸"时，宝宝就认识了爸爸。再往后，爸爸应该随时创造机会让宝宝自己叫"爸爸"。让宝宝学习其他发音也是如此进行。

教宝宝发音开始时会很难，可能教了许多仍不见有很大起色，但是只要有决心，坚持下去，宝宝的语言能力就一定会有飞跃。实践证明，凡是爸爸妈妈善于耐心引导的宝宝的语言能力发育得就早，这对宝宝一生的语言学习将产生影响。

早教益智游戏方案

大动作智能

亲子游戏 练习独坐

游戏目的:

　　锻炼宝宝颈、背、腰部的肌肉力量,为靠自己的力量坐稳打下基础,并学习独坐片刻。

游戏玩法:

STEP1 在5个月时练习靠坐的基础上,让宝宝练习独坐。

STEP2 父母可以先给予一定的支撑让宝宝坐稳,逐渐放手,宝宝呈前倾姿势,双手支撑在床上,能坚持坐姿片刻。

STEP3 宝宝前倾坐着时,用能弄出声响的玩具在宝宝的左或右上方摇动,宝宝会慢慢抬起一只胳膊去够玩具,反复练习半个月左右,宝宝就会坐得很稳了。有的宝宝要到7个月才能坐稳。

精细动作智能

亲子游戏 套碗对击

游戏目的:

　　让宝宝认识"物碰物"会发出响声,同时锻炼手指的灵活性和手—眼协调能力。

游戏玩法:

STEP1 递给宝宝一个套碗,再往其另外一只手递一个套碗。

STEP2 用父母的双手握着宝宝双手,对击套碗,发出悦耳响声,此时宝宝会无比兴奋,哈哈大笑,并反复看手中的套碗,感到困惑又迷茫:"我的手真奇妙,怎么能弄出声来?"接着宝宝便会将套碗反复进行对击,试图了解其中的奥秘。宝宝常常在无意地胡乱敲击中,突然恍然大悟:"哦,原来物碰物都能发出声!"于是乎,就会变着花样地击、砸、拍、摔……创造着新玩法,并在其中发现一些道理。

语言智能

亲子游戏 辅音模仿

游戏目的:

　　促使宝宝进行发音训练,提高宝宝的"演说"技能。

游戏玩法：

STEP1 在宝宝心情愉悦的时候，尽量经常发出各种简单辅音让宝宝进行模仿，如bà-bà、mā-mā、dǎ-dǎ、ná-ná、wá-wá、pāi-pāi等。

STEP2 引导宝宝模仿发辅音。每天反复练习，强化宝宝对简单辅音的印象和感知。

亲子便利贴

记录宝宝能发辅音的数目，一般要求在6～8个月时能发出4～5个辅音。

逻辑—数学智能

亲子游戏 大小配对

游戏目的：

促进宝宝最初的数学概念的发展，强化对大小概念的记忆。

游戏玩法：

STEP1 准备大小不同的两只兔子玩具，分别画在硬纸板上的2根胡萝卜（一大一小）。

STEP2 分别举起两只兔子玩具，告诉宝宝："这里有两只小白兔要吃胡萝卜，大白兔吃大胡萝卜，小白兔吃小胡萝卜。"

STEP3 拿出胡萝卜，让宝宝观察哪个胡萝卜大，哪个胡萝卜小。

STEP4 帮助宝宝挑胡萝卜，一边挑一边说"大"和"小"这两个词，帮助宝宝理解这两个词的意义。

STEP5 给宝宝示范将大胡萝卜放在大兔子的面前，把小胡萝卜放在小兔子的面前。

音乐智能

亲子游戏 亲子合奏

游戏目的：

培养宝宝对节奏的控制力，增进亲子间的感情交流。

游戏玩法：

STEP1 让宝宝静坐，将不同材质的空盒子放在宝宝面前。

STEP2 示范性地用手敲击铁皮盒子，或者用筷子敲击塑料盒子。

STEP3 鼓励宝宝自己尝试敲击各种材料。

STEP4 宝宝每敲击一下，就按照宝宝敲击的节奏模拟发音，如"咚—咚—咚"。

亲子便利贴

（1）不要准备玻璃制品等易碎材料。

（2）每次游戏的材料不要太多，随着宝宝对其掌握能力的增强，可以不断地替换材料。

（3）小心看护，防止宝宝用筷子等材料把自己扎伤。

空间知觉智能

亲子游戏 小小飞机

游戏目的：

锻炼宝宝的视觉反应，发展其对空间的认知。

游戏玩法：

STEP1 用鲜艳的彩纸给宝宝折几个纸飞机，拿起红色的纸飞机，展示给宝宝看，告诉宝宝这是"红飞机"。

STEP2 将纸飞机轻轻抛向前方。

STEP3 问宝宝："红飞机飞到哪里去了？"

STEP4 换另外颜色的飞机重复上述过程。

认知智能

亲子游戏 鬼脸嘟嘟

游戏目的：

帮助宝宝对表情的认识更为深入。有利于帮助宝宝识别他人的情绪，为掌握良好的社会交际技能奠定初步基础。

游戏玩法：

STEP1 在宝宝精力充沛的时候，试着模仿老虎对宝宝说："我是大老虎！嗷呜——"同时做老虎的表情，张大嘴巴，瞪大眼睛。

STEP2 再模仿小猫对宝宝说："我是小猫！喵呜——"同时模仿小猫咪，用手指做一些动作表示脸上有猫胡须。

STEP3 继续模仿小老鼠对宝宝说："我是坏老鼠，吱吱——"同时将五官挤到一起模仿老鼠的表情。

STEP4 反复做各种鬼脸，引起宝宝观察各种表情变换的兴趣。

人际交往智能

亲子游戏 伸臂求抱

游戏目的：

培养宝宝要求抱的动作，扩大交往范围。

游戏玩法：

STEP1 要利用各种形式引起宝宝要求抱的愿望，如抱宝宝上街、让宝宝找妈妈、拿玩具等。

STEP2 抱宝宝前，要先向宝宝伸出双臂，并温柔地询问宝宝："宝宝，抱抱好不好？"

STEP3 鼓励宝宝将双臂伸向家长，让宝宝练习做要求抱的动作，做对了再将宝宝抱起。

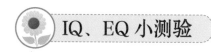

分类	项目	测试方法	通过标准	出现时间
大动作智能	独坐	将宝宝放在平板床上	独坐半分钟以上	第__月第__天
精细动作智能	倒手	递一块积木给宝宝，拿住后再向其拿积木的手递另一块积木	将第一块积木传递给另一只手后再去拿递过来的第二块积木	第__月第__天
语言智能	听声看物	抱起宝宝，问宝宝："灯在哪儿？"并观察宝宝表现	抬头看或手指灯	第__月第__天
逻辑—数学智能	观察物品	将形状或颜色不同的玩具放在宝宝面前	表情不同	第__月第__天
音乐智能	蹲蹲舞蹈	托住宝宝腋下让宝宝进行蹲跳	视线会随之移动	第__月第__天
空间知觉智能	扔小飞机	将纸飞机在宝宝眼前扔出去	转头转身寻找	第__月第__天
认知智能	觉察玩具	当宝宝正在聚精会神地玩心爱的玩具时，突然拿走，观察宝宝表现	表情表现出反抗	第__月第__天
人际交往智能	伸臂求抱	在抱起宝宝前对询问宝宝"抱抱好不好？"	会主动要求抱	第__月第__天

第七章

第7个月

生长发育月月查

 身体发育指标

半岁以后，宝宝的体格发育速度有所减慢。一般以2个月作为一个时间段进行评测。

	男孩	女孩
身长	66.1～76.5厘米，平均71.3厘米	64.7～74.7厘米，平均69.7厘米
体重	7.0～11.0千克，平均9.0千克	6.5～10.2千克，平均8.4千克
头围	42.4～47.6厘米，平均45.0厘米	41.2～46.3厘米，平均43.8厘米
胸围	40.7～49.1厘米，平均44.9厘米	39.7～47.7厘米，平均43.7厘米

注：身长：2个月平均增长2.7厘米　　　　体重：2个月平均增长0.6千克
　　头围：2个月平均增长1.0～1.1厘米　　胸围：2个月平均增长0.8～1.0厘米

 智能发展水平

◎ 能独自坐着伸手够物
◎ 双手灵活，会将积木相互撞击并且能在两手间
　进行传递
◎ 懂得什么是"不许"
◎ 分得清家人和外人
◎ 学习手势语

➡ 7个月大的宝宝已经能够
自己拿玩具了。

养育也要讲科学

教养要点

◎ 用磨牙棒状食品磨磨牙。
◎ 适量添加菜粥、软饭。
◎ 俯卧姿势够物。
◎ 拍手、点头、认物、找物。
◎ 预防传染病。
◎ 学坐便盆。

记得及时添加固体食物

一般，7个月的婴儿已有2颗牙齿开始长出，咀嚼功能、吞咽功能、肠胃的蠕动功能进一步增强，肠胃中消化淀粉类食物、蛋白质食物的消化酶的分泌已比较充分，所以可以给宝宝吃一些固体食物，辅食添加的量也可以逐渐增加，如蛋黄每天可增加到一个（可以分上、下午两次喂）；加入牛奶的米粉糊可做稠一些。如果宝宝胃口好，消化能力强，喂的奶糊量可由原来的半碗增加到大半碗，其中还可加入鱼末、细碎肉末。

若婴儿已经懂得用手抓取食物往嘴里放，可给其一些小块儿的面包、条形饼干让宝宝自己吃，不用担心面包、饼干太干致使婴儿没法吃，婴儿嘴里分泌的唾液会把面包饼干泡软而使之易于吞咽和消化。让婴儿接触固体类食物是大有好处的，一是可以使宝宝产生自己吃东西的兴趣和自豪感；二是可以进一步锻炼宝宝已长出的牙齿，增强咀嚼肌肉咀嚼食物的能力，刺激消化酶的分泌，促进消化；三是可以使宝宝习惯并适应更多样的食物。

⬆ 现在可以让宝宝吃一些硬一点的食物，如苹果等，以锻炼宝宝的咀嚼能力。

宝宝挑食偏食怎么办

宝宝形成偏食挑食的坏习惯绝大多数与家长的喂养方式和家长本身的饮食行为有关。也就是说，宝宝要养成好胃口，吃什么都香的好习惯必须从小养成。一旦不良饮食行为形成习惯，纠正起来就比较困难了。所以，从婴儿添加辅食时期起，就应注意不要偏食，即采取多样化、多品种且全面均衡的喂食方式，不仅是品种不同，食用方式也要不一样。即使是同一类食物，在制作方法、烹调方法上也要有所不同。要让宝宝吃多样化的、多种味道的食物，这样宝宝就不至于过分偏爱某种食物，而拒绝其他食品了。

有的父母本身就存在严重偏食但对此却不以为然，做饭菜时总做自己喜欢吃的，或者直接在婴儿面前说某些食物不好吃，这样做很容易影响到宝宝。宝宝天生会模仿，自然会对很多事物和话语进行记忆，你的一句话，宝宝可能会铭记不忘，比如"爸爸妈妈说不好吃，就是不好吃"。所以，父母应作为好的榜样，自己带头荤素菜、粗细粮搭配着吃。

对已经有了偏食习惯的宝宝，父母要及早下决心纠正，但要有耐心、讲究方法，不能采取强迫式进食，以免导致宝宝患厌食症。应尽量变化辅食品种、花样搭配，烹饪技巧要讲究色香味俱全，把宝宝爱吃的和不爱吃的搭配在一起，比如做成菜粥、馄饨等，由少量开始，一点点地增加，只要坚持，相信不久便能纠正过来。

吃菠菜的科学

婴幼儿患缺铁性贫血的发生率可高达20%～40%，传统的解决做法是让孩子多吃菠菜，理论上菠菜含铁高，是补铁佳品。其实不然，菠菜并非是婴幼儿的补铁佳品。

科研数据表明，每100克绿色蔬菜中含铁量依次为：芹菜8.5毫克，香菜5.6毫克，菠菜1.8毫克，韭菜1.7毫克，油菜1.4毫克，可见菠菜含铁量并不是最高的。况且菠菜也有其不足的方面，如菠菜中还含有大量的草酸，容易与铁结合成难以溶解的草酸铁，使菠菜中的铁的被吸收率仅为1.3%；草酸还极易与食物中的钙质形成草酸钙，影响钙质的吸收和利用。缺钙会影响婴幼儿的生长发育，造成佝偻病，如果婴幼儿已有缺钙的症状，多吃菠菜会使佝偻病病情加重。所以，吃菠菜能补血的说法并不科学。

我们强调不要完全依赖菠菜来预防贫血，但不是绝对禁食菠菜，因为菠菜中还含有丰富的维生素B_1、维生素B_2、维生素A、维生素E、维生素C，还含有钙、磷、钾等矿物质，可在食用菠菜前先将菠菜焯一下，去除所含的草酸，因此，应辩证地看待且科学多样地食用蔬菜。

 ## 过敏体质的宝宝，饮食要注意

蛋黄富含铁元素，是出生5个月后的宝宝最常吃的辅食，一般不会引起过敏。但有个别宝宝食用后会出现浑身发痒、脸部和耳朵周围的皮肤发红且产生分泌物的情况，这种情况很有可能是鸡蛋过敏引起的。过敏是添加辅食过程中最常见的现象。

腹泻与呕吐也是辅食添加不当时容易出现的胃肠不适的症状，宝宝的大便会比平时稀，而且次数明显增多，看起来有点像蛋花汤，有时候还混有少量黏液即不消化的东西。

因此，父母每次在给宝宝添加新的食物之后，要多注意观察宝宝食用后的反应及全身情况，且密切观察宝宝大便的形态和排泄规律，注意消化情况。发现宝宝身上出现红斑或腹泻严重时应该带宝宝去医院检查，不要随便给宝宝用药。发现宝宝对哪种食物过敏后，就不要再给宝宝食用。遇到天

🟢 父母在给宝宝添加新的辅食之后，要注意观察宝宝食用后的反应。

气太热或宝宝不舒服，如呕吐、大便异常或其他情况时，应暂停添加此种辅食，等肠胃功能恢复正常后再从开始的量或较小的量补充起。

宝宝看电视要适度

多数育儿专家不主张给婴幼儿看电视，认为既影响视力，又影响宝宝语言发展和人际交往能力。如果要给宝宝看电视应注意：

看电视的时间不要超过10分钟；

与电视要保持2米以上的距离；

电视机的音响不能太响、太强烈；

电视节目可选择图像变化较快、有声有色的儿童节目、动画片、动物纪录片和广告片，每次选择1～2个内容为宜。

2岁以下的宝宝应尽量不看电视。

学习坐便盆

7个多月的婴儿已能坐得很稳。此时，应该培养宝宝坐便盆大便的习惯。每个宝宝都有一定的排便习惯，妈妈要善于发现规律，定时让宝宝坐在便盆上排便，练习久了就形成了习惯。要设法让宝宝快乐地蹲盆，不能强迫宝宝坐盆，如宝宝一坐盆就打挺或哭闹，或过了5～7分钟也不肯排便等，都不必太勉强，但每天必须坚持让宝宝坐盆，时间一长，经过反复的练习，宝宝就能坐便盆大便了。每次坐便盆时间不要太长，不要养成长时间蹲在便盆上玩耍的习惯，以免日子长了发生脱肛的状况。便后养成擦屁股的习惯，尤其是女孩更要注意。

此外，练习坐便盆时，家长不要离开宝宝，因为婴儿动作不协调，特别好动，坐在盆上容易摔倒，也易疲劳。家长要有耐心和信心，给孩子从小养成蹲盆大小便的习惯，入幼儿园就不会有不会蹲盆大小便的烦恼了。

日光浴的新观念

万物生长靠太阳，婴幼儿生长发育更需要太阳。日光、空气和水是大自然给予人们维持生命、促进健康的三大宝物。婴儿适当地在日光下活动，对提高身体对外界环境变化的适应能力，增强体质，提高各脏器的生理功能有着重要意义。在阳光里除了有能看得见的普通光线，还有肉眼看不见的红外线和紫外线，红外线照射到人体后，能使全身感到温暖，血管扩张，增进血液循环，促进新陈代谢，增强人体抵抗力。从理论上讲，适当的紫外线照射宝宝的皮肤，可使皮肤中的7-脱氢胆固醇转变为维生素 D_3，提高身体对钙和磷的吸收，促进骨骼的生长，在一定程度上可预防佝偻病。紫外线还有强力的杀菌特性，提高机体的免疫力以及刺激骨髓制造红细胞、预防贫血等，因此，只要气候条件适宜，应尽量带宝宝到户外进行活动。

北方的冬季，仅在中午时的太阳光中紫外线强度较高，并大约持续2小时，只要天晴无风，每天白天的11点钟以后，可带宝宝到户外活动。冬末春初时期，从上午9点至下午3点，阳光最好，家长可以根据婴幼儿的作息时间，每天安排户外活动。夏季，应给婴幼儿戴遮阳帽在树荫下晒太阳，来接受散射或反射的阳光。冬天晒太阳时，要注意预防宝宝着凉感冒。春、秋季节，天气暖和时可以让宝宝裸露四肢，即卷起宝宝的衣袖和裤腿，让其手臂和小腿、脚接触日光，因为这些部位比较经得起寒冷，不至于引起感冒。

特别要强调的是，宝宝晒太阳时，注意不要让阳光直射到宝宝眼睛，也不能让裸露的皮肤在强烈的阳光下暴晒太久，这样会损害到眼睛的视网膜，引起视觉出现障碍；暴晒也会损伤皮肤，而且易造成日后皮肤癌的发生，所以，晒太阳时应做好保护措施。单纯靠晒太阳来预防佝偻病是不够的，依靠晒太阳使体内合成维生素D的量是很有限的，尤其是在北方。但日光浴对强壮身体、愉悦心情是必不可少的。另外，晒太阳还必须考虑宝宝的健康和具体情况，当宝宝发烧、患病或遇到阴天、雾天、刮风天等均应暂停。

 ## 培养睡眠好习惯

婴儿睡觉是生理的需要，当宝宝的身体能量消耗到一定程度时，自然就想睡觉了。因此，每当宝宝到了睡觉的时间，只要把宝宝放在小床上，保持安静，躺下一会儿就会睡着。如果暂时没睡意，让宝宝睁着眼睛躺在床上，此时不要逗宝宝并保持室内安静，过不了多久，宝宝便会自然入睡。而有的父母常常抱着宝宝睡觉，手拍着宝宝，嘴里哼着儿歌，不停地来回走动；或给婴儿吸吮空奶嘴，引诱宝宝入睡，这些行为习惯或许有助于引起宝宝睡意，但宝宝每次睡觉都得抱着拍着，不拍不抱就睡不着，久而久之易养成依赖心理，缺乏自理能力。这是家长们普遍不希望看到的结果，与其让孩子养成这种坏习惯倒不如及早培养宝宝独自睡觉的好习惯。

　　睡觉时刚躺下就能较快地进入熟睡状态的情况，视为安定型睡眠；睡得不是很熟的情况为非阶段性睡眠或非安定型睡眠。8～9个月的宝宝，随着智力的发育，活动内容的增多，玩得太累或环境刺激太多，睡觉时会做梦，有时刚入睡就会哭，一哭就醒。此时，只要父母在宝宝的床边，宝宝看见亲人便可获得安全感，又会很容易入睡。

⬇ 让宝宝养成良好的睡眠习惯非常重要。

专家医生帮帮忙

宝宝预防接种后发高烧，怎么办

宝宝在接种疫苗后，多数没有或有很轻的不良反应。分为全身反应和局部反应两种。局部反应是注射部位出现红、肿、热、痛或引起附近淋巴结肿大，淋巴管发炎；全身反应主要是发烧，但大多数都不超过38℃，最多持续2～3天。稍大点且会说话的宝宝，还可能会告诉家长自己有头痛、头昏、恶心症状出现，偶有呕吐、食欲不振、腹泻等现象，但多数症状很轻。

疫苗是生物制品，接种后对皮肤局部会产生刺激反应。无论是活菌苗，还是死菌苗，接种到人体后都是一次轻度感染，会出现以上症状。对于这种症状，由于不会引起身体组织和器官受到损害，也不会留下后遗症，所以一般不需要特殊处理。

在这期间，家长只需要多给宝宝喂些白开水，吃些清淡且容易消化的食物，让宝宝多休息，并保持接种部位清洁卫生即可。经过接种后2～3天，就会渐渐地好起来。如遇到高热持续不退、注射局部出现化脓感染、精神差、饮食不振的状况，则应及时带孩子去看医生。

预防接种应该注意的问题

尽管计划免疫用的疫苗的质量都是比较有保证的，是安全有效的，但由于种种原因，总会有个别宝宝接种后发生严重的不良反应。因此，为以防万一，在预防接种后应注意以下几方面：

① 接种疫苗后，宝宝不要立即离开注射地点，按医生要求观察一段时间后再离开。这样做，便于医生及时处理可能迟发的过敏反应。

② 要注意让宝宝适当休息，不要做剧烈的体育活动和运动，不要吃刺激性食物，不要让宝宝用手搔抓接种的部位，以免加重不良反应。

③ 接种部位要保持皮肤清洁卫生，衬衣要勤换、勤洗，但24小时内不要给宝宝洗澡。

④ 当宝宝反应强烈或出现异常反应时，如注射局部反应加重且发生感染和化脓、高烧持续不退、皮疹有增无减、精神萎靡不振甚至出现惊厥时，要考虑这并非是接种后的正常反应，要立即到医院进行诊治。

打过预防针为什么还得病

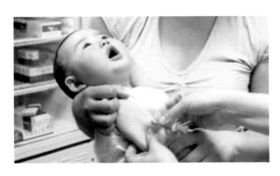

从理论上讲，接种过某种预防针，身体里会产生相应的抗体，也就是说对某种病有了抵抗力，再接触该种病原体时，就不会再患这种病了。但是我们必须知道，通过预防接种所获得的抵抗力是相对的，而不是绝对的，也就是说，绝大部分人接种了某种疫苗后，可以不再患该种传染病，而少数人还可能患该种传染病。其原因有以下几方面：

接种疫苗时处于潜伏期内

在接种疫苗之前宝宝已接触过该种传染病的患者，使得宝宝处于这种传染病的潜伏期内，也就是已经感染而尚未表现出症状，接种疫苗后，还未产生免疫力时，这种传染病的症状就出现了。

接种疫苗时间过早

以麻疹疫苗为例，按照儿童预防接种程序，麻疹疫苗接种时间在婴儿出生后满8个月时接种，若过早接种，宝宝体内大多不能产生有效的免疫力，或者与宝宝体内被母亲带给宝宝的尚未完全消失的麻疹抗体中和，使疫苗失效。

疫苗保存方法不正确

预防接种用的疫苗，保存的要求是很严格的，假如保存方法未按要求保存或者已经过期，则接种后就达不到预期的效果，接种了这种疫苗的宝宝，仍有患该种传染病的可能。

未按时做加强免疫

各种疫苗接种后，在体内所产生的抵抗力可保持半年到五年不等，为了解决免疫力下降的问题，延长免疫作用时间，在基础免疫后，经过一定时间，需要再注射相同的疫苗，进行加强免疫，以巩固免疫效果。假如没有按照免疫接种程序进行加强免疫的宝宝，仍可能患该种传染病。

疫苗使用不恰当

例如，小儿麻痹糖丸只能用凉开水口服。若用热开水化开后口服就无效了，不能对预防小儿麻痹产生效果。

任何一种疫苗接种以后，都不保证接种的人群能够百分之百地产生免疫力，极个别的人接种后如不产生免疫力则仍会患此病。

眼睑下垂

眼睑下垂，学名为上睑下垂，是指上眼睑不能抬到正常位置，轻者有时能通过用力来张开，得以改善，重者眼睑下垂覆盖瞳孔，影响到视力。眼睑下垂可分单侧和双侧。根据病因又可分为先天性眼睑下垂和后天性眼睑下垂两种。先天性眼睑下垂主要由于动眼神经核发育缺陷或提上睑肌发育异常所致，为遗传性疾病，多有家族遗传病史。这类宝宝出生时即存在上睑下垂的状况，双眼自然睁开平视时，上睑的睑缘覆盖角膜。日常护理中没有什么好的解决办法，如果严重下垂，影响视力，可采取手术治疗，能稍微得以改善。

斜视

正常情况下，双眼注视前方时，两个眼球都处于眼裂的正中。当一个眼球偏向一侧，致两眼不对称，称"斜眼"，医学上称"斜视"。斜视对宝宝的视觉功能影响很大，因为当眼睛斜视后，通常不用这只斜眼睛看东西，时间一久，就会引起斜视的眼睛视力下降。如果斜视眼的功能长期被抑制，便会形成弱视。斜视患儿的一只眼睛注视目标时，另一只眼睛的视线偏斜在目标的另一边，使两只眼睛看东西

任何疫苗都不能百分之百地产生免疫力，所以家长应科学地对待宝宝生病。

不一致，一个物体则被看成两个，从而形成复视。此外，斜视还直接影响宝宝的外貌，导致宝宝易被小朋友讥笑，懂事后孩子会因此而苦恼，自卑，甚至没有自信。

1岁以下的婴儿内斜视发生率很高，随着年龄长大会自然被纠正。1岁左右发生斜视仍属正常，但要及早看医生。父母要了解宝宝的视力发展情况，当宝宝3~6个月大时，将玩具放在宝宝眼前左右移动，接着上下移动，宝宝的双眼和头能随玩具的移动而移动；7~8个月大时，宝宝看由远而近的玩具时，眼球运动可以从原来目光朝前的位置随玩具的移动而移动且移动灵活，眼球对称。如果1岁大时仍不对称，则应及早带宝宝去看小儿眼科医生，咨询相关的注意事项。

斜视如何预防呢？婴儿满月以后就能看到30厘米以外的物体，3~4个月大就能看到1米以外的物体。所以，满月的宝宝日常所待的位置应勤变换，经常抱起宝宝看远处会动的物体，不要让宝宝躺着总盯着眼前栏杆上悬挂得很近的玩具，这样一来，宝宝即使本来没有内斜视也会变成内斜视，而且有内斜视的也不能及早得到纠正。

如果1岁斜视仍未能自然地得到纠正，就要及早带孩子去看小儿眼科医生。

影响宝宝大脑发育的饮食习惯

过于喜欢甜食

适量吃一些含糖食品，可给宝宝提供热量，是大脑和身体生理活动的需要，

但并不意味着宝宝饮食中的糖是多多益善的。因为过多的糖在体内会使宝宝的体液成酸性。长期如此，宝宝的脑功能就会逐渐下降，出现精神不振、记忆力涣散、反应迟钝等症状，情况严重的宝宝甚至会患上神经衰弱。所以，过多地食用甜食不仅会引发肥胖和龋齿，而且对宝宝神经和精神的健康发展易产生负面影响。

过食咸食

长期食用过咸的食物，宝宝体内的钠离子浓度会升高，这不仅会引起高血压、胃炎、感冒等疾病，还会对大脑造成伤害。

长期"低脂"膳食

有些父母会用成年人的所谓"低脂"膳食标准来要求宝宝，从而导致宝宝的脂肪摄取量太少。而脂肪是大脑的重要组成部分，其重要性比蛋白质还要高，因而被列为脑的"第一需要"，尤其是不饱和脂肪酸。长期"低脂"饮食会给宝宝脑发育造成不可弥补的损失。

从小囫囵吞枣

研究表明，细嚼慢咽不仅对人的消化系统有好处，还是促进脑发育和IQ发展的极佳手段，这一点对正处于脑发育期的宝宝来说尤为重要。这就需要父母们注意培养宝宝吃东西要养成细嚼慢咽的好习惯。有的家长喂宝宝吃饭就像在填鸭似的，导致宝宝从小就形成狼吞虎咽的坏习惯。这一点应尽量避免。

日日三餐顿顿饱

营养学家研究认为，若宝宝一日三餐顿顿饱，就会使身体内的血液过久地聚集在肠胃处，从而造成宝宝大脑缺血、缺氧，进而妨碍宝宝脑细胞的发育。另外，顿顿饱食还会诱发大脑中一种有损脑发育的物质的分泌，从而促进血管细胞增殖、管腔狭窄、供血能力被削弱，结果加重了脑缺氧的程度。而且，现在尚无特效药物来治疗，只有靠适当减少食量来进行预防。所以，父母一定不要让宝宝吃得太饱。

聪明宝宝智能开发方案

 翻身打滚一生受益

训练大动作的灵活性以及视听觉与头、颈、躯体、四肢肌肉活动的协调性是婴儿做基本动作的需要，也是大脑、五官与全身动作协调的关键，它对一个人一生的学习、工作能力都是非常关键的。

训练方法是让宝宝仰卧躺着，用一件新的能弄出声响且有能引起宝宝注意的颜色的玩具吸引宝宝的注意，引导宝宝从仰卧的姿势变成侧卧、俯卧，再从俯卧转成仰卧。玩时要注意安全，最好在干净的地板上或地上铺席子和被褥，让宝宝练习翻身打滚。

 早教益智游戏方案

大动作智能

亲子游戏 学习翻滚

游戏目的：

锻炼全身肌肉关节，促进翻滚运动发展，为提高专注能力和社会性发展奠定基础。

游戏玩法：

STEP1 将宝宝放在铺有毯子的地板上，引导宝宝呈俯卧的姿势，并来回进行翻滚。

STEP2 如果宝宝不会翻滚，可以将宝宝喜欢的玩具放在侧面，来引导宝宝翻滚。

STEP3 将玩具进行位置变化，鼓励宝宝腹爬够物。

亲子便利贴

这个时期，宝宝的手和膝盖还没有力量能完全支撑身体重量，仍然处于腹爬阶段。可用毛巾提起胸腹之间部位，练习手和膝盖的支撑力量，为过渡到手膝爬行做准备。

精细动作智能

亲子游戏 对击玩具

游戏目的：

　　促进宝宝手—眼—耳—脑感知能力的发展。

游戏玩法：

STEP1　选择不同质地和形状的能弄响的玩具，让宝宝一手拿一个。如左手拿块方木，右手拿能弄响的塑料玩具，示范和鼓励宝宝将两种玩具进行对敲。

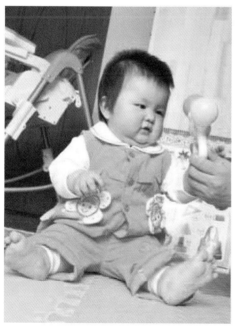

STEP2　更换不同质地和不同形状的玩具，鼓励宝宝继续对敲。这样做既能让宝宝听到响声，而且手又接触到了不同质地和形状的玩具，从而促进感知能力的发展。

语言智能

亲子游戏 来电话了

游戏目的：

　　调动宝宝对语言学习的兴趣，促进其对语言智慧方面的发展，提升宝宝的人际交往水平。

游戏玩法：

STEP1　让宝宝靠着并坐在床上，家长坐在宝宝对面。

STEP2　拿起宝宝的玩具电话，说："叮铃铃，叮铃铃，来电话了，宝宝快接电话吧。"帮助宝宝拿起电话，这时对着电话说："喂，宝宝在家吗？"或"宝宝，你好啊！"

STEP3　开始时，家长可以分饰两个角色，分别饰演自己和宝宝之间"对话"的场景，对话内容可以是自己和宝宝今天所做的事情。

亲子便利贴

　　在"电话"中尽量强化宝宝对生活常用词的认识和理解，如"尿尿"、"饿了"、"高兴"、"漂亮"等。要调动宝宝说话的积极性，尽量重复宝宝"咿咿呀呀"的语言，并且加上相应的"注释"。

逻辑—数学智能

小猫吃鱼

游戏目的:

　　帮助宝宝理解数字,提升宝宝语言方面的能力及促进初级数学概念的发展。

游戏玩法:

STEP1 准备两只大小不同的猫玩具,分别画在硬纸板上的6条鱼(3大、3小)。

STEP2 分别举起两只猫玩具,告诉宝宝这里有两只小猫,想寻找食物——鱼,且分配方向为大猫吃大鱼,小猫吃小鱼。

STEP3 拿出6条鱼,让宝宝想想,哪些鱼大,哪些鱼小?

STEP4 帮助宝宝挑鱼,一边挑一边描述是大还是小,并相对应地说"大"和"小"这两个词,帮助宝宝理解这两个词的意义。

STEP5 和宝宝一起把大鱼放在大猫的前面,把小鱼放在小猫的前面。

音乐智能

膝盖摇摇

游戏目的:

　　帮助宝宝体验运动的快乐,让宝宝感受美妙的音乐,在游戏过程中感受整个空间的移动,促进身体空间知觉的发展。

游戏玩法:

STEP1 扶稳宝宝并坐在家长的膝盖上,一边哼唱儿歌,一边重复地抬起、落下脚跟,带动膝盖进行上下移动,宝宝也随之轻轻移动。

STEP2 慢慢向左移动双膝,让宝宝身体尽可能向左倾斜。

STEP3 再慢慢向右移动双膝,让宝宝身体尽可能向右倾斜。

STEP4 恢复游戏初始姿态,让宝宝坐直身体。

空间知觉智能

失而复得

游戏目的:

　　促进宝宝听、视觉和动作协调发展,有助于宝宝发现物与物之间的联系，促使动作思维开始萌芽。

游戏玩法：

STEP1 先拿一个宝宝喜欢的玩具在宝宝前面晃一晃，然后再藏起来。

STEP2 鼓励宝宝寻找玩具，并问宝宝："玩具在天上吗？"然后抬头看看天。"玩具在地上吗？"再低头看看地。继续问宝宝："玩具在我手里吗？是的，在手里呢！"宝宝找到玩具后便给宝宝玩一会儿。

STEP3 说服宝宝将玩具还回来，然后再让宝宝找一找。

认知智能

亲子游戏 认知部位

游戏目的：

通过视、听觉和动作的训练，提高宝宝的协调能力，促进适应能力的发展。

游戏玩法：

STEP1 与宝宝面对面坐着，先指着自己的鼻子说"鼻子"，然后把宝宝的小手放在自己的鼻子上并对宝宝说"鼻子"。

STEP2 每天重复1~2次，然后抱着宝宝来到镜子前，把宝宝的小手指着宝宝在镜子里的鼻子，又指着自己的鼻子，重复地对宝宝说"鼻子"。

STEP3 经过7~10天的训练，当你

再说"鼻子"时，宝宝会用小手指自己的鼻子，这时应亲亲宝宝表示赞许和鼓励。

人际交往智能

亲子游戏 礼貌手势

游戏目的：

扩大宝宝交往动作和范围，提高宝宝的社交能力。

游戏玩法：

STEP1 经常将宝宝右手举起，并不断来回进行左右挥动，让宝宝学习"再见"动作。当离家时要对宝宝挥手并说"再见"。对这个动作进行反复练习。

STEP2 在宝宝情绪好时，帮助宝宝将两手做叠拳状，然后不断上下摆动，学做"谢谢"的动作。

STEP3 每次给宝宝食品或玩具时，先让宝宝拱手表示谢谢，然后再拿给宝宝。

IQ、EQ 小测验

分类	项目	测试方法	通过标准	出现时间
大动作智能	独坐	将宝宝放于平板床上并提供玩具	能独坐玩耍10分钟以上	第__月第__天
精细动作智能	对击玩具	父母一手拿一块积木进行对击，然后让宝宝模仿	能模仿去做	第__月第__天
语言智能	用动作表示语言	引导宝宝用动作回答语言，如再见、谢谢、欢迎等	会做1~2种	第__月第__天
逻辑—数学智能	大、小概念	放两组大小相对应的物品，引导宝宝进行分辨	在父母的指导下，能分辨大小	第__月第__天
音乐智能	膝盖舞蹈	让宝宝站在父母膝盖上，跟随音乐的节奏跳动	会随着音乐摇晃	第__月第__天
空间知觉智能	寻找失物	将宝宝心爱的玩具藏起来，让宝宝进行寻找	能够自己找到玩具	第__月第__天
认知智能	部位认知	对宝宝说身体某一器官	会用手去摸或指	第__月第__天
人际交往智能	要求抱	观察宝宝看到父母或照料自己的人时的反应	主动要求抱	第__月第__天

第八章

第8个月

生长发育月月查

 身体发育指标

半岁以后，宝宝的体格发育速度有所减慢。一般以2个月作为一个时间段进行评测。

	男孩	女孩
身长	66.1~76.5厘米，平均71.3厘米	64.7~74.7厘米，平均69.7厘米
体重	7.0~11.0千克，平均9.0千克	6.5~10.2千克，平均8.4千克
头围	42.4~47.6厘米，平均45.0厘米	41.2~46.3厘米，平均43.8厘米
胸围	40.7~49.1厘米，平均44.9厘米	39.7~47.7厘米，平均43.7厘米

注：身长：2个月平均增长2.7厘米　　　　　体重：2个月平均增长0.6千克
　　头围：2个月平均增长1.0~1.1厘米　　　胸围：2个月平均增长0.8~1.0厘米

 智能发展水平

◎ 会由匍行到手膝爬行
◎ 由摆弄小丸到拇食指对捏
◎ 出现怯生的表现
◎ 学习认识五官

⬇ 8个月大的宝宝已经可以手膝并用地爬行了。

养育也要讲科学

 添加辅食的同时继续母乳喂养

随着宝宝的长大，仅母乳喂养已不能满足生长发育的需要。需及时添加辅食补充母乳中某些营养的不足，满足生长发育的营养需求，但母乳仍然是宝宝获得能量和蛋白质的重要来源，世界卫生组织提出母乳喂养应持续到2岁。因此婴儿添加辅食后应继续母乳喂养。

喂养要点

① 宝宝乳牙已开始萌出，有了咀嚼能力和舌头搅拌食物的功能。要逐渐增加辅食的量，品种和喂养次数。

② 增加辅食的稠度，延长宝宝每餐间隔时间。可通过辅食的浓度、稠度增加而延长间隔时间，争取过渡到一日2～3餐以辅食取代，同时继续母乳喂养或配方奶喂3～4次。

③ 辅食质地为泥糊状，包括稠粥、烂面条、面包渣、馒头、蛋羹、菜泥、果泥、肝泥、鱼泥、肉泥、豆腐等，以训练咀嚼功能，补充热量和动物蛋白质、铁、锌、维生素等营养素。

④ 辅食烹饪要美味、细软些，每次添加辅食量约2/3碗（每碗约250ml）。

① 选择食物要得当。食物的营养应全面和充分，除了瘦肉、蛋、鱼、豆腐外，还应有蔬菜和水果，辅食添加同时继续喂母乳或保证每天吃配方奶600～800毫升。

 给宝宝断奶之前，可以提前喂配方奶，以保证断奶的顺利进行。

② 烹调要合适。要求食物色香味俱全、花样变换、搭配巧妙，而且易于消化，以便满足宝宝的营养需要，并可引起食欲。

③ 饮食要定时定量。辅食每日添加2～3次，喂奶3～4次。

④ 耐心喂养宝宝。有些宝宝加辅食后可能很不适应，因此喂食时要有耐心，让宝宝有足够的时间慢慢咀嚼食物。

含蛋白质丰富的食物

蛋白质是构成人体细胞组织的重要成分，也是保证各种生理功能正常进行的重要物质基础。是维持生命和生长发育不可缺少的营养素。身体中各种组织——肌肉、骨骼、皮肤、神经等都由蛋白质组成。大脑和身体生长的物质基础是蛋白质，因此要及时给宝宝添加蛋白质食品。

含蛋白质丰富的食物包括：乳制品，如牛奶、羊奶等；肉类，如牛、羊、猪、狗肉等；禽肉，如鸡、鸭、鹅、鹌鹑肉等；蛋类，如鸡蛋、鸭蛋、鹌鹑蛋等；鱼、虾、蟹等；豆类，包括黄豆、大青豆和黑豆等，其中以黄豆的营养价值最高，它是婴幼儿食品中优质的蛋白质来源；此外像芝麻、瓜子、核桃、杏仁、松子等干果类的蛋白质的含量均较高。由于各种食物中氨基酸的含量及种类各异，且其他营养素（脂肪、碳水化合物、矿物质、维生素等）含量也不相同，因此，给宝宝添加辅食时，以上食品都是可作为选择的。还可以根据地域的特点，因地制宜地为宝宝提供蛋白质高的食物。

蛋白质食品混合食用可提高蛋白质的吸收率。父母可以利用几种价钱便宜的常见食物混合制作成宝宝喜欢吃的食品，提高蛋白质在宝宝身体里的利用率，例如，单纯食用玉米的生物价值为60%、小麦为67%、黄豆为64%，若把这三种食物按比例混合后食用，则蛋白质的利用率可达77%。

黄豆是优质蛋白质

黄豆是含蛋白质最丰富的植物性食物，它的蛋白质的质量和蛋、奶食物中的蛋白质相似，而它的蛋白质含量超过肉类、蛋类，约相当于牛肉的两倍、鸡蛋的两倍半，因此，科学家把黄豆称为蛋白质的仓库。黄豆中的脂肪含量达18%，以不饱和脂肪酸居多，质量好，溶点低，极易被消化吸收，还含有丰富的必需脂肪酸和亚麻油酸，是人体维持健康不可缺少的。黄豆中含有钙、磷、铁、铜、锌、碘以及核黄素、尼克酸、维生素E，黄豆芽中维生素C含量丰富，因此又是矿物质、微量元素、维生素的良好来源。我国劳动人民在几千年以前，就利用黄豆做营养食品。我国科学工作者已研究出以黄豆为主要原料生产各种代乳品，因此，黄豆也是婴儿平衡膳食中必不可少的食品。

由于黄豆中存在某些抑制人体消化酶的物质，所以必须用浸泡加热等方法，将这些抑制酶的成分去除，制作成豆制品（如豆腐、豆粉）营养效果更好，而且，适合婴幼儿食用，特别适合对牛奶过敏的宝宝。

 ## 辅食添加困难，怎么办

由于错过了添加辅食的最好时机，或由于添加辅食的方法不当等原因，宝宝一直不愿意吃辅食，家长该怎么办呢？

如果宝宝还不会咀嚼、不会吞咽辅食，父母也不要因此而失去信心，更不要过于担心，应耐心地从米粥、菜泥、蔬果泥等半流质及细碎的食品开始，从少量开始，逐渐加量，直到宝宝会吃辅食为止。

另外，父母还应注意：

① 最好先添加菜汁后添加果汁，并且每种吃3天就换另一种。

② 果汁较浓时可以添加少量的水进行稀释，但不要在里边加盐和糖。

③ 循序渐进，不可着急。如果宝宝坚持不吃，就暂时不喂了，以免宝宝产生厌烦情绪。另外，也可创造一些良好的进食氛围以提高宝宝的食欲，如播放宝宝喜欢的音乐等。

宝宝没食欲，怎么办

宝宝平时食欲颇佳，突然变得没有食欲了。首先要观察宝宝的面色，精神好不好，是否有呕吐、腹泻或者几天是否有没大便的情况出现，肚子胀否，发热、咳嗽否。如果有，应及时带宝宝就医；如果没有，多数与饮食不当有关。如果是吃撑了，可采用以下对策来解决：

① 少量多次喂水，或小米汤，注意休息，1~2顿不吃主食没有关系。

② 宝宝想吃时，喂清淡、好消化的食物，如鸡蛋羹、烂粥、鸡蛋挂面等，量要少。

③ 用妈妈爱调理胃肠菌群，或服用小儿健脾化食丸，根据宝宝年龄看服用说明。

④ 推拿按摩：推板门（手掌大鱼际），自拇指根推向腕横纹100次；掐四缝，即小儿食指、中指、无名指、小指近手掌第一指关节的4个横纹，用拇指指甲揉5圈掐5次；捏脊，捏3提1，共5遍。

⑤ 脾胃健康，三分饱。婴幼儿脾胃娇嫩，每顿吃七八分饱，能够保证健康。

 ## 宝宝不爱吃蔬菜，怎么办

宝宝不喜欢吃蔬菜的原因有很多，有的是不喜欢某种蔬菜的特殊味道；有的是由于蔬菜中含有较多的粗纤维，不容易嚼烂，难以下咽；还有的是从小未进行锻炼，形成偏食的坏习惯。其实，对宝宝来说，从小的训练很重要，宝宝可以在训练当中兼容并蓄。另外，父母不正确的喂养方式及自身的不良饮食习惯也是造成宝宝饮食行为不良的重要因素。

预防宝宝出现不吃蔬菜的情况就要从小培养他爱吃蔬菜。根据年龄和消化功能，不同时期都应及时添加一些果蔬。婴儿3~4个月时可以喂一些用蔬菜汁或用蔬菜煮的水，如番茄汁、黄瓜汁、胡萝卜汁、绿叶青汁等。5~6个月时，可以吃一些蔬菜泥。8~9个月时就可以吃碎菜粥了。10个月后可以把各种各样的蔬菜切碎后放入粥、面条、饺子中吃，让宝宝对不同口味的食物都有所尝试。当然，需要一个适应的过程，要试着来，不能强迫，不能着急，用智慧和耐心，培养宝宝吃什么都香的情绪和胃肠适应能力。健康的饮食习惯和良好的饮食行为会是宝宝身心健康的基础。

对于1岁大宝宝不妨经常给他们吃些带馅食品，如饺子、包子等。因为这些食品大多以菜、肉、蛋等剁碎做馅，便于儿童咀嚼吞咽和消化吸收，而且味道鲜美，营养也比较全面。

良好进食行为的培养

俗语说，习惯成自然。任何一种良好习惯的养成，都应从婴儿时期进行培养，进餐习惯也不例外，必须从婴儿时期就让孩子养成良好的进餐习惯。只有好的进餐习惯，才能保证宝宝食欲好，吃饭香，身体越来越健康。

温馨优雅的进餐前气氛

饭前播放轻音乐，停止观看动画片，并告诉宝宝香喷喷的饭是很好吃的，到该就座的时候，将宝宝放在固定的餐位上，摆好宝宝的专用餐具，宝宝自然会产生吃饭的欲望。

餐前不吃零食和甜食

餐前1小时内不给宝宝吃零食和甜食，因为这些食品会使宝宝没有食欲，8个月大的宝宝要保证定时添加

辅食（参考1日食谱），进餐次数、进餐时间要有规律，按时进餐。但不必强迫宝宝吃，宝宝吃饭表现得好时就赞扬宝宝，并长时间坚持下去，这样就能使宝宝养成定时进餐、愉快进餐的好习惯。

注意烹饪技巧

要想使婴儿对食物产生兴趣和好感并引起旺盛的食欲且有助于消化腺分泌消化液，使食物得到良好的消化，就要讲究烹调技巧，妈妈应用心研究，让宝宝的食物色、香、味兼顾，软、烂适宜，便于咀嚼和吞咽。

培养清洁卫生习惯

饭前帮宝宝洗手，围上围嘴，桌面应保持干净。每天在固定的地点进行喂饭，给宝宝一个良好的进餐环境。在吃饭时，大人不要逗引宝宝、不要让宝宝出现不愉快、不要分散宝宝吃饭的注意力，更不能边吃边玩。宝宝情绪不好，甚至苦恼时应暂时不喂吃的给宝宝，等宝宝情绪好转并乐意进食时再继续喂宝宝吃饭。

锻炼宝宝使用手来吃东西

如训练宝宝自己捧住奶瓶喝水、喝奶，自己用手拿饼干吃；把水果（香蕉、桃、西瓜、橘子等）切成小

条，让宝宝自己拿着吃；宝宝10个月时可训练用勺吃饭，虽然一开始宝宝不会用勺，会将饭撒得到处都是，但这是宝宝在学习自己吃饭前必然要经过的阶段，可以稍微地给宝宝提供一些帮助，让宝宝先用勺舀起面包渣、饼干渣，进一步到会舀起粥吃，这不仅为以后宝宝独立进餐做准备，而且还让宝宝从中锻炼了手眼协调的能力，也从中体验到"自食其力"。

避免婴儿挑食和偏食

米面、蔬菜、鱼、肉、水果都给宝宝吃，鼓励宝宝多进行咀嚼，做到每餐干、稀搭配、营养均衡。如果宝宝挑食，家长应在宝宝面前吃得津津有味，甚至可以夸张一些，引起宝宝吃其他食物的兴趣，并鼓励宝宝吃多种食物。

排便卫生5要点

婴儿排便前后要注意养成良好的卫生习惯。

① 婴儿坐盆排便时，不能养成边喂饭、边吃零食或边玩玩具，边拉大便的不良卫生习惯。

② 给宝宝（尤其是女宝宝）擦屁股，要坚持从前向后擦，因为从后向前会造成尿道口的污染，进而引发尿道炎、膀胱炎。

③ 每天晚上都要给宝宝洗屁股，因为大便后总会有粪便污染肛门的周围部分。况且，女宝宝的阴道分泌出的分泌物会给细菌繁殖提供一个良好的环境；男宝宝残余的尿液在包皮内累积，而形成有特殊臭味的白色奶酪样的包皮垢，它会刺激包皮导致发炎。

④ 每次排便后，将便盆洗刷干净以备下次使用。

⑤ 倒了便盆及给宝宝擦屁股后，家长都要用流动水将手洗干净。

接种疫苗备忘录

1. 接种麻疹疫苗。
2. 8～12个月大时推荐接种风疹疫苗和流行性腮腺炎疫苗。

专家医生帮帮忙

 摔伤与脑震荡的预防

　　婴幼儿四肢功能尚未发育成熟，活动欠协调性，支持力量也很差，故外伤后特别是摔伤后，常常头部先着地，头部振荡损伤相当常见。宝宝摔伤，多半与防范失误有关。如果家长有事需要离开宝宝一会儿，应该把宝宝横着放在床里边，床边要有护栏，或索性把孩子放在地铺上，这样宝宝从床上滚落下去的概率就会小得多；宝宝会爬以后，爬上窗台、阳台等处的概率也会随之增加，极有发生坠落的危险。由于婴幼儿颅骨的骨质富有弹性，体重又轻，一般摔伤的程度较轻。但是目前随着物质生活的提高，多数家庭铺瓷砖或石材地砖，易加重损伤程度。所以，千万要注意。婴幼儿头部摔伤后应观察以下几点：

局部出血

　　当头皮有割伤时，会有局部出血，出血多时不易马上止血。此时应用清洁纱布覆盖，轻轻加压，暂时止血，并马上送到医院进行缝合，根据具体情况，医生可能会给宝宝注射破伤风抗毒素。

头皮血肿

　　损伤部位可触摸到肿物，大小不一，约有枣或栗子大小，压之能产生形变。摔伤当时，用冷敷（冰毛巾或毛巾包冰块），第2～3天后可用热敷，或用云南白药湿敷血肿，血肿会被吸收得特别快。

颅骨骨折

　　当宝宝的头部碰到家具棱角或其他突起锐利的物体上时，可能发生骨折，用手触摸颅骨，可触摸到局限性的塌陷（如乒乓球被压后的塌陷一样），此种骨折轻者只需观察，严重时，可能压迫脑实质，应及时去医院进行诊治。

一般摔伤不会发生严重颅内伤。如果宝宝摔伤后伴有外耳道或鼻孔有鲜血或清水样物质外流时，说明出现颅底骨折，除此之外还伴有宝宝精神不佳的状况，应马上带宝宝去医院救治。

总之，如果宝宝头部有磕碰史，由于年龄还小尚不会用言语表达，为防止延误救治，家长应严密观察宝宝是否存在以下情况：

① 有无意识的改变，如伤后总想睡觉，叫醒后又马上入睡。

② 有无频繁呕吐，特别是喷射样呕吐。

③ 有无烦躁，精神差，伴有眼角、口角的小抽动或肢体的抽动。

④ 有无从外耳道及鼻孔处流出鲜血或清水样物质。

如有以上任何一种情况存在，说明摔伤程度比较严重，应立即就近或到条件好的医院诊治。

皮肤割伤

遇到皮肤切割伤，家长首先要保持镇静，不要慌张。仔细观察伤口出血的程度、部位。查看伤口内有无异物和脏东西污染。观察出血的颜色及出血量，如出血多，呈喷射状，往往存在动脉血管受到损伤的情况。可简单止血，如用手勒住伤口两侧，同时立即送往就近医院急救。

对于较小的浅表切割伤，一般可在家中自行处理。首先要清洁伤口，如为玻璃割伤，要先检查伤口并清理玻璃碎片，然后用消毒液（碘伏液）将伤口周围进行消毒。注意消毒时应从伤口边向外清洁。对于小于1厘米的伤口，一般不需缝合。直接用创可贴和无菌纱布进行包扎。

对于较深较大的切割伤口，或发生在四肢关节、颜面部的伤口，均应立即送医院做清创缝合治疗，以免影响其部位的功能和日后视觉上的美观。如果在去医院之前要进行急救处理，比如，要清除伤口内的较大异物，如玻璃碎片或碎金属片，以免这些锐利异物在肢体搬动时造成进一步的组织损伤。对出血多的伤口可选用干净的纱布或绷带加压包扎，用以止血。若肢体的切割伤口较大，并有大出血时，可在伤口近心端肢体，用止血带止血，或用手勒住止血。在送患儿去医院途中，尽量减少受伤肢体的活动，以防止断裂的血管、神经进一步受损，给修复手术带来困难。

烫伤

烫伤是处于此时期的婴儿经常发生的事，家长应抓住机会提早教育宝宝，如看见宝宝想用手去摸暖气、热饭碗、火炉等，此时大人应赶紧先将自己手指触摸一下这些东西，然后急忙缩回，装着很烫的样子，喊"烫"、"疼"，宝宝看后，就不动手去摸了。更重要的是把能造成烫伤的危险品移开或做好防护措施，如热水瓶不要放在桌子上，熨斗等电器要放在宝宝够不到的地方，桌子上不要摆放桌布，防止宝宝拉下桌布，弄倒桌上的碗而烫着自己，暖气或火炉的周围要设围栏，厨房的门应锁上，以防宝宝迈入，被热粥、开水烫着。

⬆ 当宝宝被烫伤之后，妈妈要及时将患部浸泡在冷水中。

烫伤一旦发生，如果是轻度烫伤，应立即用冷水对患部进行冲洗，使皮肤冷却，防止形成水疱。如果水疱已形成，不要弄破水疱，也不要往患处涂任何药膏或药水，只要在上面置一块清洁、无绒毛的纱布并固定好即可。如果是严重烫伤，首先要十分小心地去除宝宝的衣物，不要碰到烫伤的皮肤，可用剪刀把衣服剪开，慢慢取下，然后将宝宝的患部浸泡在冷水中，或用浸透冷水的被单或毛巾敷在烫伤处，注意不要摩擦皮肤，以免擦破患处发生溃烂，继发感染，然后赶快带宝宝去医院治疗。

宝宝肺炎

咳嗽、发烧是小儿呼吸道疾病最常见的症状。从症状上看，肺炎很难与普通感冒或支气管炎区别开来。但一般来说，肺炎症状较重的宝宝常常精神萎靡、食欲不振、烦躁不安、呼吸加快或呼吸表浅；重症肺炎患儿还会表现出呼吸困难、鼻翼扇动、三凹征（指胸骨上窝、肋间以及肋骨弓下部随吸气向下凹陷）、口唇及指甲发绀等症状。发烧高低并不能区别病情的轻重，有些早产儿、婴儿或体弱儿患肺炎，往往并不发烧，仅表现出拒奶、口吐白沫、呼吸困难、面色阵阵发青等。如发现宝宝出现上述症状，要及早去医院就诊，由医生检查肺部体征，并结合胸部X线片的结果来确诊是否为肺炎。

肺炎宝宝需要认真护理。良好的护理可使宝宝病情很快好转，尤其是对病毒性肺炎的宝宝，由于目前尚无特效药物治疗，重在护理。

肺炎患儿需要安静的环境以保证其得到充分的休息，因此要避免在患儿居室内高声说话。患儿居室应定期开窗通风，以保证空气新鲜；不要在患儿居室内吸烟，因为有害烟雾可使宝宝呼吸道黏膜受到损伤。要勤替宝宝翻身，最好让宝宝侧卧，因平卧时背部受压，不利于肺底部血液循环和炎症的被吸收，而且平卧时膈肌上升压迫肺底部，不利于气体交换。

患儿居室内温度最好保持在20～25℃，同时应保持适宜的湿度，特别是冬春季节，空气干燥，患儿吸入干燥空气不但损伤呼吸道黏膜，对排痰也不利。如患儿咳嗽厉害，可抱起拍背片刻，协助排出痰液，以减少痰对呼吸道的刺激。

饮食方面，应以易消化的米粥、牛奶、菜水、鸡蛋羹等为主，不要让宝宝吃得太饱；饮水量应充足，因患儿常伴有发热、呼吸增快，水分的流失比正常时要多。

宝宝荨麻疹

荨麻疹俗称"风疙瘩"、"风疹块"，是皮肤黏膜的暂时性血管通透性增强和水肿，是孩子常见的疾病，它的类型很多，原因也很复杂。

小儿荨麻疹，一般发病迅速，很快出现大小不等的风疹团块，呈淡红色或苍

白色，形态不规则，迅速增大增多，融合成片，伴有烧灼和刺疼，时起时消，消退后不留任何痕迹。因为痒，婴儿会烦躁、哭闹，到处乱抓，但往往越痒越抓，越抓越多。如果消化道受影响，则表现出呕吐、腹泻、腹痛；气管、喉头受影响，会出现憋气、胸闷。发生在眼睑、口唇及外生殖器等组织疏松部位时，表现为局限性的水肿。

宝宝出现荨麻疹后，应先找出原因。它的原因很多，可能是对鱼、虾、蛋、奶等食物过敏；也可能是对药物如青霉素、磺胺药、预防接种（疫苗）引起的变态反应；还可能并发于细菌、病毒感染以及对花粉、灰尘、羽毛及被昆虫叮咬过敏；还有的荨麻疹具有家族性，存在于遗传性过敏体质。家长应在医生指导下耐心地查找引起荨麻疹的原因，一般致病因素消失后可能会恢复正常。处理原则：要停止服用、食用引起过敏的药物和食物；口服抗过敏药物（如扑尔敏、非那根、苯海拉明等）；外用炉甘石洗剂或0.5％石炭酸酒精止痒，以防宝宝搔抓皮肤，因抓破而继发感染时可涂抗生素软膏。

找到致敏原因后，父母应让宝宝远离致敏源。有内脏疾病者，治疗内脏疾病，大多数荨麻疹是可以预防的。

聪明宝宝智能开发方案

 ## 爬行，促进大脑发育

　　爬行，是大脑进化不能省略的行动。人的大脑在进化过程中必须经历生物进化的各个阶段：像变形虫一样的原生动物，继而经历像鱼类、蛙类一样的两栖动物，当进化到像蜥蜴那样的爬行类，为了"思考"，前脑就膨大起来，进一步进化到像狗、猫类那样的哺乳类，像眼镜猴那样的原始猴、高等猴，再由猴到猩猩，到人类。脑的这个演化过程是不会逾越的。所以，从生物进化的角度看婴儿成长，可以推断出：爬行，是人的大脑从爬行脑向人类脑过渡的演练，是大脑聪明起来、协调起来的催化剂。

　　宝宝还不会爬行时，看到眼前的东西，想使劲往前挪动身体，但心有余而力不足，可以说"蠕动"是学习爬行前的准备；学会用手膝爬行时，宝宝会朝着感兴趣的目标物爬过去，在爬向目标物的过程中，全身感官都在工作。爬行时必须抬头，左右活动颈部，注视前方目标物，左右肢体交替轮流移动。在这个过程中，眼、耳、口、鼻，皮肤触觉、前庭平衡觉、肌肉关节的本体觉等全身感官都在与大脑皮层互动，是全方位开发大脑的行动。爬行过程还增进了母子间交流，促进了婴儿语言的发展；爬行使婴儿主动移动自己的身体，加大了接触面，扩大了婴儿认识世界的范围，促进认知能力的飞跃。因此，充分爬行是脑与感官统合不能省略的学习过程。这对于大脑各部位的发育及大脑与小脑协调、神经系统之间的协调、神经回路网的建立，都是必需而且必须充分的。

　　爬行，是构建学习能力的行动，爬行过程中发展了空间知觉、视—动觉、手—眼—脑的协调，这是为儿童期基本学习能力的准备。因为这些能力与拼、写、阅读、语言、思维等有关。

　　另外，爬行是综合性的强身健体活动。爬行时头颈仰起，胸腹抬高，靠四肢交替轮流抬起前移，协调地使肢体负重，锻炼了胸腹、腰背、四肢等全身大肌肉活动的力量，尤其是四肢活动的协调性和灵活性，锻炼了肌肉的耐力，促进了每条肌肉得到充分发育。因此，爬行是身体强壮不可缺少的革命性行动。而且是以后站立和行走的基础。

创建家庭运动场

婴儿动起来才能聪明

孩子的聪明才智没有一步能离开"活动"。婴儿在6个月以后，通过连续翻滚、移动身体的位置，以求够取到远距离的玩具或好吃的东西来满足自己的欲望。同时，婴儿也有机会学习调动自己肌肉的能力，如颈肌、腰肌和四肢肌肉的运动，使之互相配合，协调一致。翻身打滚会促进婴儿身体双侧灵活协调。因为翻滚时，婴儿的头、眼、耳、四肢、身体都要相互协调做出一系列动作，使感官和大脑的配合更加默契；翻滚动作还涉及宝宝今后运动技能的学习和独立活动的能力，能在活动中增强自信和自立的素质。

毫无疑问，家长应当给宝宝提供活动的场所和机会，不要让宝宝在发展的关键期失去应该掌握的能力。

活动场所的创设

宝宝在家中的活动场所首先要保证安全，其次保证宝宝充分活动的场所面积。所以，对原来的居家结构和布置都要重新进行设计。居住面积较小的家庭，可以拆掉大床，全家人睡在地铺上；也可以用家具围一块运动场，家长可以用墙角、床边、沙发、椅子围出一块活动场地，地面铺上可以清洁的大块塑料地板块，任宝宝翻滚，学会爬行。大的"运动场"也有助于宝宝充分爬行，而不致跌伤。居住面积较大的居室，可以用最小的房间做婴儿运动场，要把房间内易倒的家具移出屋子，容易引发危险的用具，如热水瓶、茶具、花盆、电源插座、药品、化妆品、尖锐物品等，全部收拾好，放在宝宝摸不到的地方，电源插座要用绝缘的材料包好，地面及墙角清理干净，让宝宝自由自在地在屋内活动。

另外，如果宝宝仍睡床上，睡床应围上坚固的栏杆，栏杆高度要超过70厘米，床的外面不要摆放家具，床内不能放大玩具，特别是大熊猫玩具、大狗熊玩具，以免孩子爬上玩具，翻过床栏，坠落到地面。

大动作智能

亲子游戏　翻山越岭

游戏目的：

　　促进宝宝四肢得到充分活动，增强前庭觉与小脑的平衡能力，为日后宝宝运动智能的发展奠定基础。

游戏玩法：

STEP1　父母先卧在床上，让宝宝趴在自己身体的左侧。

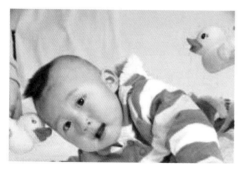

STEP2　拿起一两个宝宝喜欢的玩具逗引宝宝，然后将玩具放在自己身体的右侧。

STEP3　帮助宝宝爬上父母的身体，然后鼓励宝宝从你的身体上方爬过去，拿回自己喜欢的玩具。

STEP4　宝宝拿到玩具后，要赞许、鼓励宝宝。

精细动作智能

亲子游戏　拇、食指捏

游戏目的：

　　训练宝宝拇指和食指小肌肉动作。

游戏玩法：

STEP1　准备一些小糖豆等物品，让宝宝练习用手捏取小的物品。

STEP2　开始时宝宝用拇指、食指扒取，逐渐发展为用拇指和食指捏起。

STEP3　每日可训练数次。

亲子便利贴

　　父母要陪同宝宝一起玩，以免宝宝将小物品塞进口、鼻呛噎而发生危险，离开时要将小物品收拾好。

语言智能

教话认物

游戏目的：

　　初步培养宝宝听懂父母说话的意思，促进宝宝理解力的发展，并认识常见物品。

游戏玩法：

STEP1 将宝宝戴着的帽子取下时，要有意识地说："把宝宝的帽子取下来吧！"

STEP2 将宝宝抱到挂帽子的地方，有意识地向宝宝发问："你的帽子呢？"让宝宝指出帽子所在的地方。

STEP3 吃饭或喝水时，要告诉宝宝："这是勺子，这是杯子……"引导宝宝用目光注意到这些物品，然后用提问的方式，让宝宝指出这些物品的所在，或用目光去寻找。

逻辑—数学智能

饼干搬运

游戏目的：

　　培养宝宝的注意力、观察力和记忆力，促使宝宝好奇心和主动性得到激发，让宝宝感受到物品和数量之间的逻辑关系。

游戏玩法：

STEP1 准备一盒长方形的饼干，两个空的食品盒。将自己和宝宝的手都洗干净。

STEP2 把几块饼干放在一个食品盒里，用食指和拇指拿起一块饼干，放进另一个盒子里。

STEP3 引导宝宝用同样的方法，将饼干一块一块地放进另一个盒子里。

STEP4 宝宝每拿起一块饼干时，家长都要在一旁帮宝宝数数，鼓励宝宝。

音乐智能

亲子游戏 辨别音乐

游戏目的：

　　促进宝宝在愉快的情绪下进行简单的节奏训练，为培养宝宝的音乐智能打下基础。

游戏玩法：

STEP1　准备几段不同节奏的乐曲。抱着宝宝听音乐，并不时地对宝宝说："宝宝听，音乐多好听啊！"

STEP2　当听到欢快的音乐时，可以带动宝宝随着乐曲摇动身体，并对宝宝说："宝宝真快乐啊！"

STEP3　当听到安静的音乐时，引导宝宝静静地感受乐曲，并对宝宝说："宝宝真安静啊！"

空间知觉智能

亲子游戏 拉绳取环

游戏目的：

　　有助于提高宝宝对颜色的识别能力，培养宝宝超群的想象力和洞察力。

游戏玩法：

STEP1　用不同颜色的线分别牵住四五个彩环，把环放在远处，线拉在近处。

STEP2　先给宝宝做个示范，用手拉红线就能取到红环，再拉绿线就能取到绿环。

STEP3　通过示范让宝宝看清线与环的关系，让宝宝明白可以不必爬过去拿环，学会牵线就能把环拿到。

STEP4　鼓励宝宝学着父母的样子用手拉各种颜色的线取环。开始时，宝宝分辨不清颜色，做得不到位都没关系，要鼓励宝宝多加练习。

认知智能

亲子游戏 认知部位

游戏目的：

　　激发宝宝愉悦的情绪，帮助宝宝更好地了解自己。

游戏玩法：

STEP1　每天抱着宝宝照镜子2～3次，让宝宝认识自己。

STEP2　边看边告诉宝宝在镜中的是什么人，如"这是宝宝"，"这是妈妈"等。

STEP3　还可给宝宝戴上有色彩的帽子、好看的围巾、头花、纸做的眼镜等，逗引宝宝高兴和笑。

人际交往智能

亲子游戏 拍手"欢迎"

游戏目的：

　　培养宝宝两手动作，促进愉快的情绪和行为发展。

游戏玩法：

STEP1　为宝宝唱一首拍手歌，使宝宝心情愉悦地拍手。

STEP2　家长也拍手表示高兴，说"欢迎"。

STEP3　握着宝宝的双手模仿拍手动作，以后每次宝宝听到说"欢迎"都要模仿拍手。

STEP4　可以同时配上儿歌："拍手，拍手，拍拍小手；拍手，拍手，拍拍小手。"

STEP5　在练习多次后，以后宝宝听到"欢迎"，就会拍手了。

IQ、EQ 小测验

分类	项目	测试方法	通过标准	出现时间
大动作智能	爬行	宝宝俯卧于床上，用玩具在宝宝前面进行逗引，鼓励宝宝爬行	会手腹爬行够玩具	第__月第__天
精细动作智能	拇、食指对捏	宝宝坐在桌旁，将大米放在桌上，鼓励宝宝捏取	能利用拇指、食指来捏取	第__月第__天
语言智能	懂得语义	和宝宝做游戏时，鼓励宝宝模仿大人的动作或声音	会模仿动作或声音	第__月第__天
逻辑—数学智能	大小红球感知	放大小不同的红球于宝宝面前	宝宝的表情有变化	第__月第__天
音乐智能	辨别音乐	播放节奏不同的音乐	会有不同反应	第__月第__天
空间知觉智能	拉绳取物	将绳拴在环上，在宝宝面前上下移动	宝宝知道拉绳够环	第__月第__天
认知智能	认五官	鼓励宝宝用手指出五官	认识1个以上	第__月第__天
人际交往智能	知表情	父母面对宝宝表现出高兴、悲伤、生气等，观察宝宝表情变化	知道2~3种表情	第__月第__天

第九章

第9个月

生长发育月月查

 ## 身体发育指标

	男孩	女孩
身长	68.4～79.2厘米，平均73.8厘米	67.1～77.6厘米，平均72.3厘米
体重	7.4～11.5千克，平均9.4千克	6.9～10.7千克，平均8.8千克
头围	43.1～48.3厘米，平均45.7厘米	42.1～46.9厘米，平均44.5厘米
胸围	41.6～49.6厘米，平均45.6厘米	40.4～48.4厘米，平均44.4厘米

注：身长：比7～8个月平均增长2.6厘米，每个月增长1.3厘米
　　体重：比7～8个月平均增长0.4千克，每个月增长0.2千克
　　头围：比7～8个月平均增长0.7厘米，每个月增长0.35厘米
　　胸围：比7～8个月平均增长0.7厘米，每个月增长0.35厘米

 ## 智能发展水平

◎ 熟练爬行
◎ 拇指、食指能进行对捏
◎ 听声指物
◎ 认身体部位

➡ 9个月大的宝宝已经能将拇指和食指对捏在一起。

养育也要讲科学

教养要点

◎ 充分爬行，促进感觉统合全面发展。

◎ 拉物站、蹲，扶物迈步。

◎ 增加户外活动，扩大社交面。

◎ 手的捏、套、抠训练。

◎ 动作语言社交训练。

◎ 注意安全卫生，防范意外。

◎ 注意辅食添加，逐步完成断奶。

以辅食为主的一日三餐

从婴儿出生后的8~9个月起，母乳开始减少，有些母亲奶量虽没有减少，但质量已经下降，所以母乳哺喂次数可以逐渐从3次减到2次，也可以增加一次配方奶粉的喂养，而辅食要逐渐增加为早、中、晚三餐，也就是以辅食为主，为断母乳做好准备。婴儿一天的食物中仍应包括谷薯类，肉、蛋、豆制品类，奶类，蔬菜、水果类，营养搭配尽可能要多样而均衡。从8个月起，消化蛋白质的胃液已经充分发挥作用了。婴儿吃的肉末，必须是新鲜瘦肉，可剁碎后加少许佐料蒸烂吃。增加一些土豆、白薯类含糖较多的根茎类食物，还应增加一些粗纤维的食物，如蔬菜。9个月的婴儿已经长牙，有咀嚼能力，可以让宝宝咀嚼硬一点的食品，除米饭、面条、饺子、馄饨外，可给宝宝一些水果条、面包、饼干等练习咀嚼。尽量使婴儿从一日三餐的辅助食物中摄取所需营养的2/3，其他用配方奶粉补充。

应该注意的是，增加辅食时应每次只增加一种，当婴儿已经适应了，并且没有什么不良反应时，再增加另外一种。尽管婴儿饮食品种已与普通饮食近似，但仍要注意以细、软为特色，调味尽量清淡，在色泽和形状上尽可能多做变化来引起宝宝的食欲。

益生菌有益于宝宝胃肠健康

人的肠道是一个巨大的菌库。维护健康的正常菌群的数量有几十万亿至几百万亿个，重达1.5千克以上；人体正常菌群有95%分布在消化道，其数量与是否为有氧环境及消化道酸碱度，即pH关系密切。

人体肠道的细菌有有益菌、有害菌和无害菌三种。保护人体健康的有益菌，如双歧杆菌、乳酸菌等，具有营养、抗病（免疫）、"灭菌减毒"即生物拮抗等作用；有害菌，如产气荚膜杆菌、葡萄球菌等，其数量超过正常范围即可引起疾病；无害菌，如大肠杆菌、肠球菌等，这些细菌在肠道菌群生态处于平衡状态时是无害的，当肠道生态失调时，就会致病。在保护人体健康方面起着重要作用的是双歧杆菌，以下重点介绍双歧杆菌。

双歧杆菌在婴儿肠道中与其他厌氧菌一起共同占据肠黏膜表面，形成一层生物屏障，阻止致病菌、条件性致病菌的入侵。

双歧杆菌所具有的磷酸酶可将母乳中的α-酪蛋白降解，从而有利于乳蛋白的吸收。双歧杆菌所分泌的β-半乳糖酶可加快和长时间作用于乳糖的分解，这对提高乳糖的消化利用及解决部分婴幼儿乳糖不耐受的困扰有良好作用。

双歧杆菌在人体肠道内可以合成多种维生素，如维生素B_1、维生素B_2、维生素B_6、尼克酸、泛酸、叶酸、维生素B_{12}、维生素K和生物素等。这些维生素随时被合成，随即被黏膜细胞吸收，有利于促进人体代谢和维护身体健康。

双歧杆菌分解代谢可溶性膳食纤维以后产生短链脂肪酸，降低肠道酸度，有利于铁、钙、锌及磷的吸收，对预防贫血、佝偻病、锌缺乏十分有利。

肠道菌群紊乱是婴幼儿发生消化不良及腹泻的重要原因，因此，恢复及增加双歧杆菌数量及其优势、重建肠道微生态平衡是预防和成功治疗病毒性、细菌性、真菌性乃至与抗生素应用相关性腹泻的重要措施。

什么样的宝宝需要补充益生菌

（1）因病使用抗生素的宝宝；

（2）患病或正在康复的宝宝，如感冒、发烧的宝宝；

（3）早产儿、剖宫产儿、人工喂养儿；

（4）偏食、挑食、胃肠功能不佳的宝宝；

（5）因肠道菌群紊乱，便秘或腹泻的宝宝；

（6）变换环境、水土不服，如旅游、入托、上学等。

补充益生菌的制剂

培菲康、妈咪爱、金双歧等；还有一些配方奶粉中也有益生菌和益生元，这些都有助于宝宝肠道正常菌群的建立和调整。

 一日营养量参考

食品	量	次数	可代替的食品
奶	500～600毫升	分3次	
米面类	2～3碗（小碗）	分3次	烂面条、粥、白薯、土豆
黄油	5克	分2～3次	色拉油、蛋黄酱、人造黄油
鸡蛋	1个	1次	鹌鹑蛋4个
鱼	30克	1次	鱼肉松
豆腐	50克	1次	藕粉
肉末	30克	1次	鸡肉、猪肉、牛肉、羊肉、火腿肉
水果	60克	1次	可选用各季节水果
蔬菜	40克	1次	可选用胡萝卜、菠菜、芹菜、柿子椒等

以上每日营养量仅供参考，每位宝宝、每日每顿可能都不同，尊重个体差异，吃得欠佳一点比吃撑了要好。

宝宝选鞋有学问

一般来说，婴幼儿穿鞋除了美观之外，最主要的功能是保护脚的发育。而在婴儿7~8个月前，穿鞋的主要目的是保暖，最好穿软底布鞋，并且鞋比婴儿的脚略宽。当婴儿开始学爬、扶站、练习行走时，也就是需要用脚支撑身体重量时，给婴儿穿一双合适的鞋显得非常重要。为了使脚正常地发育，使足部关节受压均匀，保护足弓，要给宝宝们穿硬底布鞋，挑选时要注意以下几方面：

① 要根据婴儿的脚形选鞋，即脚的大小、肥瘦及足背高低等。

② 要选鞋面的质量，应以柔软、透气性好的鞋面为好。

③ 鞋底应有一定硬度，不宜太软，最好鞋的前1／3可弯曲，后2／3稍硬不易弯折；鞋跟比足弓部应略高，以适应自然的姿势；鞋底要宽大些，并分左右。

④ 婴儿骨骼软，发育不成熟，鞋帮要稍高一些，后部紧贴脚，使踝部不左右摆动为宜。

⑤ 婴儿脚发育较快，平均每月增长1毫米，买鞋时，尺寸应稍大些，但绝不能过大。及时更换新鞋，也是很重要的。

 给宝宝剪指甲

婴儿的指甲细小、薄嫩，生长又快，父母应该定期给宝宝剪指甲。剪指甲最好在宝宝睡觉时进行，以免宝宝乱动而伤及甲床。剪时要当心，不要剪得太深，免得有疼痛感。要使用细小、清洁的剪刀，可以选择婴儿专用的指甲刀。因为婴儿的指甲很柔软且比较深，剪时不要伤及其他部分。同时要把指甲剪成圆形，以防宝宝无意识地抓破皮肤。剪完后要将宝宝的小手擦洗干净，否则宝宝吸吮手指时容易吃进病菌。

稍大的宝宝大多也不喜欢剪指甲，父母可以试试用新奇的方法，比如在宝宝的每一片指甲上，画上一个简单的卡通人物，而且每个人物的头发向指甲末端散开，每隔一段时间，便向宝宝说：那些在宝宝指甲上的小精灵需要剪头发。也许从此以后宝宝会很盼望妈妈帮自己指甲上的小精灵们修剪头发呢！

如果宝宝还是不愿意剪的话，最好用和蔼的语气教导孩子，让宝宝的手或脚轻轻放在妈妈的腿上，使宝宝舒服地坐着或者躺着，然后选择一把宝宝专用的小剪刀，用手托起宝宝的一个小指头，指甲正好放在妈妈手掌外面，在剪的时候也要先剪中间部分，然后再剪两头，妈妈的手指跟着移动，这样不容易碰到宝宝的指头。在气氛愉悦和谐的情况下剪指甲，慢慢地宝宝就不害怕剪指甲了。

给宝宝穿衣要注意

因为宝宝出汗多、溢乳多、口水多、大小便多，学习吃饭时撒饭多，所以衣服脏得很快。而宝宝天生喜欢自由，不喜欢被束缚，穿衣时不会配合，爱干净的妈妈常为更衣而忙得不亦乐乎，搞得手忙脚乱，弄不好还容易着凉。

罩衣和围嘴

对于出牙期的宝宝要多准备几件罩衣和围嘴，罩衣要后系带的，要求是纯棉、吸水、透气性好的；口罩也要纯棉、吸水性、透气性好的，也可用大口罩代替。尤其是冬天罩衣和围嘴会大大减少更换棉衣的次数，而且宝宝始终保持干净、舒适。

衣着特点

衣料最好是纯棉的，柔软舒适，吸汗透气，做工简单，容易穿脱，不要里三层外三层，更衣时宝宝受罪，大人也受累。

揉搓皮肤防感冒

冬春季节洗澡后用浴巾包裹，然后隔着浴巾给宝宝揉搓皮肤，促进皮肤血液循环，又能增强抗病能力，预防感冒。

宝宝的衣物最好是纯棉的，要做工简单，容易穿脱。

婴儿满8个月后，应进行麻疹减毒活疫苗的预防接种，注射后1个月左右使体内产生特异性抗体，这样就能预防麻疹，继而减少其并发症的发生。注射后10~14个月应再加强一次，以保证体内有效的抗体浓度。

出生后9个月到1岁为适当接种时间。目前基本上在宝宝满8个月时接种麻疹减毒活疫苗，在月龄8个月以内的婴儿血液中含有从母体获得的麻疹抗体，可以保护婴儿不患麻疹，如这时接种麻疹疫苗，疫苗中的病毒就会被抗体中和掉，使疫苗不能发挥效力，所以要在满8个月以后，母体抗体基本消失时再接种麻疹疫苗。

疫苗接种后反应比较轻微，几乎没有局部反应和即刻反应，只有个别小儿在接种后6~12小时可能出现短暂的发热（38℃以下）及一过性皮疹，发烧时间不超过两天，因为孩子精神、状态都好，没

什么表现，往往不被家长察觉，也不需要特殊处理。

接种疫苗备忘录

1. 预防流行性脑脊髓膜炎。为保证流脑流行季节内免疫抗体浓度达到最高，可将初免时间拖至11~12月份。

2. 在8~12月龄期间，可接种风疹疫苗和流行性腮腺炎疫苗。

专家医生帮帮忙

 麻疹宝宝的护理

对于婴幼儿，麻疹曾经是危及小儿生命的传染病之一，它是由麻疹病毒引起的急性出疹性疾病，具有很强的传染性。麻疹病毒是通过呼吸道传播的，从出疹前5天到出疹后5天均有传染性，麻疹患者是唯一的传染源。

麻疹潜伏期常为6~18天，有低热、精神差等现象，易被家长忽视。发病时可有高热、眼睛结膜充血、流泪、打喷嚏、流鼻涕等症状，发病第三天在口腔两颊的黏膜上，出现针尖大小的白色斑点，周围有红晕，发热3~4天后出现皮疹，皮疹为玫瑰红色，略高于皮肤，皮疹间皮肤较正常，出疹顺序为颈后，渐波及额、面部，然后自上而下顺次延至躯干和四肢，有的到达手掌和足底。4~5天后，进入恢复期。出麻疹的宝宝全身抵抗力降低，应加强护理。其间若护理不当或环境卫生不良，很容易发生肺炎、喉炎、脑炎、营养不良及营养不良性水肿、干眼症等合并症，严重者可能危及生命。

麻疹的治疗没有特异性，应注意加强护理，给予足够的水分和易消化、富有营养的食物，屋内保持空气新鲜以及适宜的温度和湿度。

8个月以内的婴儿发病较少，9~12个月的婴儿应该接种麻疹疫苗，可预防麻疹发生。患过麻疹的宝宝，将终身不再发病。

若婴儿没有及时接种麻疹疫苗，不慎与麻疹患儿接触，可带宝宝去医院，在医生的指导下采取措施。

 宝宝接种了麻疹疫苗为什么又患了麻疹

麻疹减毒活疫苗接种后10~12天，婴儿体内产生特异性抗体，最初几天，增长速度较快，以后则速度缓慢，直到第四周保持在一定的水平，这样就能预防麻疹了。如果在初种麻疹疫苗的两周内婴儿与麻疹患儿接触，因体内未产生抗麻疹病毒足够的抗体，所以婴儿能患麻疹。

任何疫苗接种后，体内产生抗体水平维持时间不同，麻疹减毒活疫苗接种后所产生抗体维持4～6年，即预防有效期限仅为4～6年，以后逐渐消失，因此7岁时需再接种一次，如果未按时复种麻疹疫苗，遇有麻疹流行仍可被传染，只是病情较轻。从免疫持久性来说，麻疹疫苗不是终身免疫的。

 宝宝哭闹与肠痉挛

肠痉挛是由于肠壁的平滑肌强烈收缩引起的阵发性腹痛，在小儿急性腹痛中最常见。从婴儿至儿童时期均可出现肠痉挛，但在5～6岁儿童中最常见。肠痉挛可分为原发性和继发性两种。

继发性，也就是由于其他疾病继发引起的肠痉挛症状，如肠回转不良、肠重复畸形、肠炎等可引起肠痉挛。但80%以上的肠痉挛是原发性的，也就是说没有原发病因。其原因不清，可能与过敏体质有关。有些宝宝在呼吸道感染、吃得太快、婴儿奶中糖分含量高、咽下大量冷空气时，均可诱发肠道的自主神经系统失衡，

引起一过性肠壁肌肉痉挛，暂时阻断肠内容物的通过，近端肠蠕动增强而发生腹痛。经过一定时间后，肠壁肌肉自然松弛，腹痛消失，以后又会复发。

发生肠痉挛时，宝宝会突然出现阵发性腹痛，每次腹痛时间不等，可持续数分钟至数十分钟，反复发作，但多能自行缓解。发作时，腹痛程度有轻有重，轻者，宝宝可忍受，严重时宝宝会出现哭闹、翻滚、出冷汗、面色苍白的状况，可伴发呕吐。发作间歇宝宝一切正常，不影响食欲。但如果腹痛严重，发作频繁，也会影响宝宝的食欲。如果宝宝出生后就经常出现发作性腹痛，应做进一步的检查，以排除继发性肠痉挛的可能。

如果是原发性肠痉挛，腹腔内没有器质性病变。宝宝会随着年龄的增长，生活的锻炼，其过敏体质会逐渐好转，症状即可消失。宝宝每次发作时可卧床休息并给宝宝足够的保暖，在医生指导下，可服用解痉药物如颠茄、阿托品，同时服用脱敏药如扑尔敏等。如果宝宝发作4～6小时仍不能得到缓解，应该立即去医院检查，以排除急腹症。如为继发性肠痉挛，要针对病因进行治疗，以免影响宝宝的生长发育。

宝宝哭闹，可能是肠套叠

肠套叠是指一段肠管套入邻近的另一段肠腔内，是婴儿时期的急腹症，多发生于4~12个月的健康婴儿。

病因至今尚不清楚，一般认为婴儿时期生长发育迅速，需要添加辅食来保证营养摄入，而消化道发育尚不成熟，功能较差，各种消化酶分泌较少，使消化系统处于"超负荷"工作状态，年轻的父母不了解这个特点，胡乱给宝宝吃些不易消化的食物，更增加胃肠道负担，而诱发肠蠕动紊乱，导致肠套叠的发生。

患了肠套叠，宝宝很痛苦，肚子阵阵绞痛，由于宝宝不会说肚子痛，常表现为大声哭闹、四肢挥打，严重者伴有面色苍白、出冷汗，发作数分钟后，患儿安静如常，甚至可以入睡。但时隔不久，腹痛会再次出现，继续哭闹不止，如此反复发作，与此同时，并伴有呕吐、拒绝吃奶等现象。病初排便，1~2次为正常便，哭闹过4~12小时后，孩子多排出果酱样便或深红色血水便，这是由于肠管缺血、坏死所致，是十分危险的征兆。

婴儿肠套叠虽来势凶猛，但是对阵发性哭闹的孩子，怀疑是肠套叠时，就应争取时间，迅速到医院就诊，并观察，凡病程在48小时内的原发性肠套叠，无脱水症，腹不胀，可以用气灌肠疗法使肠管复位，复位率在95%以上，晚期病情严重，也就是说肠管发生缺血、坏死，则需即刻急诊手术治疗。

宝宝尿液浑浊，怎么办

宝宝正常的尿液应该是清澈透明的。但当遇到炎热的夏天、宝宝的活动量过大、出汗较多，喝水少或饮食结构不当，宝宝尿中的盐分会浓缩，尿液出现浑浊现象，这种浑浊物是一种草酸盐结晶，不必担心和害怕，适当增加喝水量即可。此外，当外界环境的温度明显低于宝宝体温时，尿液中的盐类不容易溶解，也会出现尿液浑浊现象。

如果宝宝没有其他异常表现，只需适当补充水分、改善饮食结构，尿液浑浊的现象会自行消失；如果宝宝还有其他异常表现，如发热、精神欠佳、食欲不振、恶心、呕吐、排尿哭闹、排尿次数增多等症状，应及时去医院检查，明确诊断，以免延误了治疗。

宝宝摔伤出血，怎么办

宝宝会爬后，摔跤就成为不可避免的经历。纵然宝宝已经很熟练地走路了，磕碰仍是不可避免的。外面的路面多不平，轻轻的一磕就会出血……碰到这种情况时，父母千万不要紧张。

一般宝宝在发现自己出血了的时候，心里是很害怕的，这时父母首先要镇静，最好不要手忙脚乱地拿东西为宝宝止血，而应安慰宝宝，让宝宝不要害怕的同时，进行针对性处理。

如果是轻微的出血，一般是先将出血的部位用淡盐水冲洗一次。以消毒棉签蘸干净水，用消毒纱布包扎伤口，帮助止血。

在止血后，不要忘记给宝宝的受伤部位消毒，一般是用消毒棉签蘸安尔碘消毒伤口，然后再贴上创可贴。除此之外，父母还得注意每日对宝宝伤口的护理，最好每天用安尔碘清洁伤口周围皮肤，更换创可贴，一般2～3天就会痊愈。

接触新鲜空气可能更有利于伤口的愈合。待伤口结痂后，父母可根据伤口的部位和宝宝的活动情况，斟酌使用创可贴。另外，创可贴也不可以长时间使用，因为创可贴透气性比较差，会延长伤口愈合所需的时间。

宝宝练习爬时，家长一定要做好保护措施，以防摔伤。

聪明宝宝智能开发方案

扔摔玩具，也是学习的方式

扔玩具、摔玩具是10个月至1岁半婴幼儿心理发展过程中的普遍现象，也是智力发展的一种表现。五六个月的婴儿手眼已经进一步协调，能在视线的引导下用手去抓握玩具，此时宝宝们的双手以及手的配合还不协调，当宝宝单手拿着一个玩具而并不想要这个玩具时，不会用空着的另一只手去拿身边其他的玩具，而是必须放下手中的这个玩具，才去拿其他玩具，这是扔东西的最初萌芽。8个月以后，婴儿的这种表现越来越明显，大人越不让宝宝扔，宝宝扔得越起劲，

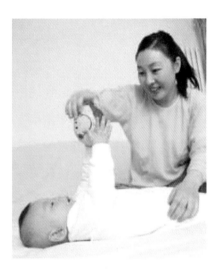

↑ 扔玩具对于9个月大的宝宝来说也是一种学习方式。

对于这种行为，可以理解为宝宝对自己能使物体发生变化产生了兴趣。在扔东西的过程中，宝宝对不同的物品扔出的远近、声响、反应产生不同的感受，从而获得不同的经验。因此，在此阶段对宝宝的这种行为不必大声指责，强行纠正，可以拿一些不容易被摔坏的东西给宝宝玩，一次给的玩具不要太多。大人只需要观察，并引导宝宝学会玩耍方法，如用手推球、用棍够球等。

玩具，陪伴宝宝成长的教科书

对于婴幼儿来说，游戏就是生命，婴幼儿是在游戏中不断成长的。而玩具在宝宝的成长过程中始终扮演着极其重要的角色，它能锻炼肌肉，促进动作的发展，启迪孩子的心智；宝宝在游戏中，不断体验到成功与失败，自由与规则，过

206

程与结果，在满足玩的乐趣的同时，丰富了自己人格的内涵。但玩具有多种类型和功能，玩具的类型不同，对孩子的影响和作用也不同，对一个没有上学的孩子来说，玩具就是教科书。孩子通过玩具去认识自我和客观世界。因此，为了让孩子能在游戏中健康成长，家长要合理地选择玩具，最好的玩具往往是最简单、最普通、最便宜的，如七巧板、积木、皮球、布娃娃、长毛熊、白纸、蜡笔等。依照玩具能产生的教育效果，可分类为：

益智类玩具

这是多数家长愿意选购的玩具，如套叠用的套碗、套塔、套环，可以由小到大，帮助学习到序列的概念、分类的概念。拼图玩具、拼插玩具、镶嵌玩具，可以培养宝宝的图像思维能力和部分与整体的概念。配对游戏、接龙玩具等既能练手，又能启迪智慧。

动作类玩具

这是几代人都离不开的玩具，如拖拉车、小木椅、自行车、不倒翁，它能锻炼婴幼儿的肌肉，增强感觉与运动的协调能力。

语言类玩具

成套的立体图像、儿歌、木偶童谣、画书，可以培养宝宝视、听、说、写等能力。

建筑玩具

如积木、拼插玩具等，能锻炼宝宝的动手能力和想象力，既可以建房子，也可以摆成一串长长的火车，还可以搭成动物医院。总之，玩具可以让宝宝随心所欲地使游戏性变化，充分发挥想象力。

模仿游戏类玩具

模仿是宝宝的天性，几乎每个学龄前儿童都喜欢模仿日常生活所接触的不同人物、不同角色做游戏。因此，锅碗瓢匙；城市、街道、汽车、房子；娃娃与医院、玩具商店等，通过模仿，巩固和扩大见闻，了解家庭生活、社会的规则。

宝宝到了这个月龄，随意和不随意的运动正在慢慢形成，视觉和触觉已建立了联系，宝宝们用手做各种动作，如扔东西听声、交换物品或双手拿东西、用拇指和食指对捏小东西、往嘴里放、用牙咬东西，还能成功地到处爬行。因此，为宝宝选择的玩具要求简单、有趣、耐用及安全、卫生。如橡皮狗、猫、公鸡等动物玩具，可以一边玩一边告诉宝宝："这是小狗，小狗'汪汪'叫。"柔软的毛绒玩具和布娃娃，赋予宝宝足够的温情，它不但便于宝宝指认娃娃的鼻、眼、口等五官，还帮助婴儿学习认识身体的其他部位。此外，宝宝还会模仿大人对自己那样抱布娃娃，与布娃娃聊天，喂布娃娃吃饭等。

家长选择此类玩具时应注意：

（1）易于清洗；

（2）色彩鲜艳；

（3）无毒；

（4）做工精细、耐玩、无乱线头；

（5）玩具上的小扣子、眼睛、装饰小串珠不会脱落等。

可以给9个月的婴儿买一些能够拆开，又能够再组合到一起的玩具，帮宝宝拆了再装，装了再拆，宝宝会感到有意思。但是拆开的玩具一定要足够大，如果太小，婴儿会把它放在口中吞下去，或塞入耳道、眼睛和鼻孔里，以致发生危险。

最好给宝宝一个收藏玩具的盒子或篮子，玩耍后同宝宝一起将玩具收拾放好，以便下次使用，使婴儿学会规矩和次序，培养良好的习惯。

让宝宝在赞扬中成长

这一时期的孩子已经能够看懂妈妈的表情，听懂妈妈说的赞扬的话了。宝宝会给家人表演小节目，听到妈妈的赞扬，宝宝会重复刚刚完成的动作或语言，这是宝宝成功的欢乐表现，也是宝宝智慧活动的最佳心理状态。赞扬是宝宝智力发展的催化剂，能够不断激活宝宝探索的兴趣和动机，极大地提升宝宝的自信心。

对宝宝每一个小小的成绩，妈妈都要随时给予鼓励，要给予由衷的关注和赞扬，甚至全家人一齐拍手、喝彩，营造一个热烈的氛围，帮助宝宝不断增强自信心。

大动作智能

亲子游戏 **小猫钻洞**

游戏目的：

　　通过锻炼提高爬行的熟练程度，扩大宝宝的认识范围，促进心理发展。

游戏玩法：

STEP1　妈妈膝盖着地，手撑地，搭成一个"山洞"。

STEP2　在妈妈身体的一侧堆放一两个宝宝十分喜欢的玩具，鼓励宝宝从另一侧钻过"山洞"，向前爬行，拿回玩具。

STEP3　宝宝拿到玩具后，鼓励宝宝"往回爬"，将玩具交给爸爸。

STEP4　宝宝钻过"山洞"时，父母为宝宝鼓掌加油。宝宝为爸爸拿回玩具时，爸爸要及时给予赞许和鼓励，并记录宝宝拿到玩具的数量。

精细动作智能

亲子游戏 **放手动作**

游戏目的：

　　培养宝宝手部的准确性和手、眼的协调能力。

游戏玩法：

STEP1　和宝宝玩多种玩具，训练宝宝有意识地将手中玩具或其他物品放在指定地方，父母可以给予一定的示范，让宝宝模仿。

STEP2　反复地用语言示意宝宝"把××放下，放在××上"。由握紧到放手，使手的动作受意志控制、手—眼—脑协调又得到进一步发展。

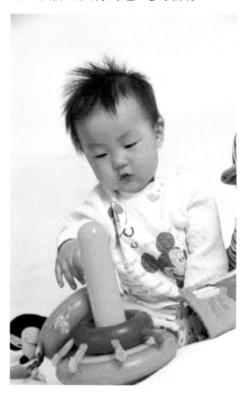

语言智能

亲子游戏 文学熏陶

游戏目的：

　　通过各类形式的文学作品，训练宝宝听觉，培养注意力和愉快情绪，提高宝宝对语言的理解能力。

游戏玩法：

STEP1　1岁内的宝宝喜欢有韵律的声音和欢快的节奏，可以带宝宝念儿歌。

STEP2　在给宝宝读故事时要有亲切而又丰富的面部表情、口形和动作，尽管宝宝还不太懂儿歌和故事中表达的意思。给宝宝念的儿歌应短小、朗朗上口。

STEP3　每晚睡前给宝宝读一个简短的故事，最好一字不差，一个记住了，再换别的以便加深宝宝的印象和记忆。

逻辑—数学智能

亲子游戏 1的概念

游戏目的：

　　帮助宝宝更好地理解"1"的概念，为日后数字的学习打基础。

游戏玩法：

STEP1　将宝宝放在床上，在宝宝面前放一本书、一块积木和一支笔。

STEP2　分别将书、积木、笔举在宝宝眼前，对宝宝说："这是一本书"、"这是一块积木"、"这是一支笔"。同时用另一只手做出"1"

的动作。

STEP3 每天数次，加深宝宝对数字"1"的理解。

音乐智能

亲子游戏 咿呀歌唱

游戏目的：

提高宝宝对节奏的理解能力，有助于宝宝语言智能和音乐智能的增长。

游戏玩法：

STEP1 播放儿童歌曲，和宝宝一起欣赏。

STEP2 面对宝宝，妈妈要跟随录音歌唱。

STEP3 引导宝宝跟着乐曲咿咿呀呀地歌唱。

STEP4 妈妈可以加一些表情和动作，来配合宝宝的歌唱。

空间知觉智能

亲子游戏 划划龙舟

游戏目的：

锻炼宝宝的身体感觉，让宝宝感受到空间的变化，锻炼宝宝双臂的运动能力，促进宝宝空间智能的发展。

游戏玩法：

STEP1 让宝宝舒服地俯卧在床上，爸爸用双手托住宝宝的胸腹部，将宝宝稍稍托起。

STEP2 让宝宝悬空，手脚向前作来回摇摆的动作，活动四肢，像正在游泳一样。

STEP3 复原俯卧姿势。休息片刻继续。

认知智能

亲子游戏 识图认物

游戏目的：

扩大宝宝的认知范围，提高其认知能力。

游戏玩法：

STEP1 给宝宝看各种物品及识图片卡、识字卡，卡片最好是单一的图，图像要清晰，色彩要鲜艳，主要教宝宝指认动物、人物、物品等。

STEP2 第一次可用一个水果名配上

同样一张水果图，使宝宝理解图是代表物。

STEP3 认识几张图之后，可用一张图配上一个识字卡，使宝宝进一步理解字可以用来表示图和物体。由于汉字可以被宝宝理解为一幅幅图像，所以多数宝宝能先认汉字，后认数字。

STEP4 初教时每次只认一图或一物，继续复习3~4天，等到宝宝会说图名，同时能从几张图中找出相应的图，说明宝宝记住了。随后再开始教第二幅。

亲子便利贴

学习的速度因人而异，不要拿自己的宝宝和别的同龄宝宝进行攀比。认汉字先从宝宝最喜欢的图入手，不必考虑笔画多少。认字与写字不同，认字是图形印象，只要宝宝高兴，笔画再多也能认识。

人际交往智能

亲子游戏 模仿动作

游戏目的：

提高宝宝的模仿能力，促进宝宝观察能力的提高，增强宝宝学习语言的兴趣。

游戏玩法：

STEP1 在宝宝情绪好的时候，能够注视大人动作的基础上，开始用成套动作来表演儿歌。

STEP2 妈妈最好先设计好全套动作并配上相应的儿歌或短语，每次动作都要一样，包括拍手、摇头、身体扭动、踏脚或特殊手势示范动作等。

STEP3 每天练习数次，宝宝很快就会学会而且能单独表演了。

STEP4 宝宝学习时每做对一种动作，妈妈都要表扬鼓励他。

游戏目的：

　　训练宝宝与人交往的能力；培养宝宝自主吃饭的意识和能力。

游戏玩法：

STEP1 晚饭的时候为宝宝准备1碗食物。

STEP2 宝宝坐在高凳上，将宝宝的食物放在他方便拿取的地方；家人围着饭桌坐好。

STEP3 妈妈一面将固体食物拿给宝宝让他自己拿着吃，一面说："宝宝，以后我们就在这里和爸爸、爷爷、奶奶一起吃饭啦！"然后爸爸宣布："开饭啦！"家人一起吃饭。

STEP4 妈妈拿着勺子喂宝宝吃饭，同时允许宝宝自己拿着勺子盛食物，并鼓励他将食物放入嘴里。如果宝宝自己吃饭成功，其他家庭成员要鼓励宝宝："哇！宝宝真棒，能自己吃饭啦！"

亲子便利贴

　　细心的家长会发现，给宝宝喂完饭之后，大人再将自己吃的饭菜端上桌开始吃饭，宝宝总是会表现出想跟大人一起同桌吃的欲望。也许家长会觉得，让宝宝同桌吃饭，会弄得到处都是饭菜。其实，让宝宝和大人同桌吃饭，宝宝自己运用小勺，既能训练宝宝小手的灵活性，还能为宝宝营造出一个良好的吃饭氛围。虽然这时候的宝宝还不懂，但周围环境的影响是潜移默化的，经过一段时间的训练，宝宝会变得很"规矩"，好好地吃饭。

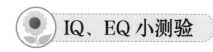

IQ、EQ 小测验

分类	项目	测试方法	通过标准	出现时间
大动作智能	扶走	让宝宝立于地面，握着宝宝双手鼓励其迈步	迈3步以上	第__月第__天
精细动作智能	按开关	平时教宝宝按电视、录音机、电灯等开关	能用食指按3种以上	第__月第__天
语言智能	拍手欢迎	客人来访时拍手欢迎，让宝宝模仿	会拍手表示"欢迎"	第__月第__天
逻辑—数学智能	"1"的概念	在宝宝面前用手指做"1"的手势	会竖起食指表示"1"	第__月第__天
音乐智能	咿呀歌唱	父母引导宝宝随着音乐歌唱	会咿咿呀呀或随韵律舞动双手	第__月第__天
空间知觉智能	划划龙舟	将宝宝抱起悬空向前做来回摇摆的动作	宝宝会报以微笑的表情	第__月第__天
认知智能	听名指物	让宝宝听名称，指出相应物品或自己身体的部位	会指出2种以上	第__月第__天
人际交往智能	模仿表演	父母加动作和表情来表演儿歌，鼓励宝宝模仿	模仿家长动作	第__月第__天

第十章

第10个月

生长发育月月查

 身体发育指标

	男孩	女孩
身长	68.4～79.2厘米，平均73.8厘米	67.1～77.6厘米，平均72.3厘米
体重	7.4～11.5千克，平均9.4千克	6.9～10.7千克，平均8.8千克
头围	43.1～48.3厘米，平均45.7厘米	42.1～46.9厘米，平均44.5厘米
胸围	41.6～49.6厘米，平均45.6厘米	40.4～48.4厘米，平均44.4厘米

注：身长：比7～8个月平均增长2.6厘米，每个月增长1.3厘米
　　体重：比7～8个月平均增长0.4千克，每个月增长0.2千克
　　头围：比7～8个月平均增长0.7厘米，每个月增长0.35厘米
　　胸围：比7～8个月平均增长0.7厘米，每个月增长0.35厘米

 智能发展水平

◎ 学习迈步
◎ 扶栏横跨迈步
◎ 听声取玩具
◎ 认知身体部位
◎ 会使用称谓：爸爸、妈妈等
◎ 会用手势作为自己的语言来表达自己的想法

➲ 10个月大的宝宝已经开始学习迈步了。

养育也要讲科学

◎ 主食三餐要吃好。

◎ 学习迈步。

◎ 搭积木，玩七巧板。

◎ 故事接龙。

◎ 指认日常用品。

◎ 培养良好的生活习惯。

◎ 鼓励宝宝说出来。

体重长得慢的原因

众所周知，婴儿期是人的一生中生长发育最迅速的阶段。在6个月之前，婴儿每月平均增长700克；7～12个月，婴儿每月平均增长250克。每个宝宝的体重增长存在个体差异，只要在正常范围内即可，不必和别的宝宝攀比。但有的婴儿在断奶前后，即8～12个月时，体重增长过分缓慢，在正常底线以下，这种情况大多与喂养不当有关。

宝宝出生后由母乳（或配方奶粉）喂养，乳类食品是含蛋白质丰富的食品，其中，母乳的蛋白质有利于肠道食物的消化、吸收。因此如果母乳充足，婴儿出生前半年体重增长迅速。但添加辅食后，7～8个月的婴儿，每天用两次辅食代替，9个月婴儿，一日三餐主食代替，此时婴儿吃奶量更少。父母误认为宝宝同成年人一样，一日三餐已吃饱，不喂奶就行了。其实并非如此。宝宝的辅食以淀粉类食物为主，其中蛋白质和钙、磷等矿物质含量不足，况且宝宝的消化系统对蛋白质的消化、吸收能力仍较差。此时，奶量供应不足，会导致体内蛋白质缺乏，因此，添加辅食后仍要继续每天吃配方奶600～800毫升，以保证宝宝生长发育的需要。

宝宝断母乳前后，一日三餐食物的质量如果不符合婴儿营养学要求，也会影响宝宝体重增加。当一日三餐从辅食变为主食后，首先要注意适量添加肉、蛋黄、肝泥、豆腐等含有丰富蛋白质的食物，这是宝宝身体发育所必需的营养素；米粥、面片、龙须面、小饺子、面包等主食，都是补充所需热量的来源；补充维生素和矿物质，蔬菜和水果中的粗纤维可以促进肠道蠕动，缩短粪便在肠内的时间。因此，各种营养素要充足，比例要均衡。

当宝宝的生活无规律时，例如，没有固定的进餐时间，睡眠不定时，甚至白天睡觉，深夜1～2点钟还不睡觉，也没有充足的时间进行户外运动，会致使吃饭不香，睡眠不实，导致食欲不振，体重增长缓慢。

因此，8～12个月大的宝宝，每天要进食牛奶600～800毫升，以保证生长发育需要；注意膳食的营养素质量，养成宝宝良好的生活习惯，特别是饮食、睡眠要有规律；增加室内及室外活动量，这样，宝宝体重就会正常增长。

 辅食添加后的科学喂养

宝宝添加辅食后，其食物构成就要发生变化，要注意科学喂养。

选择食物要得当

食物的营养应全面和充分，除了瘦肉、蛋、鱼、豆浆外，还要有蔬菜和水果。断奶初期最好要保证每天饮用一定量的牛奶。食品应变换花样，巧妙搭配。

烹调要合适

要求食物色香味兼顾，易于消化，以便满足孩子的营养，在宝宝的消化能力允许范围内，并引起食欲。

饮食要定时定量

宝宝添加辅食后，逐渐将辅食替代2～3次母乳，每天要吃5餐，早、中、晚餐时间可与大人统一起来，但在两餐之间喂母乳或配方乳、点心和水果。

添加辅食要循序渐进

即由稀到干、由细到粗、由少到多。由少到多含有两层意思，其一是品种由少到多，其二是食物量由少到多。

注意饮食卫生

食物应清洁、新鲜、卫生、冷热适宜。

断奶有适应期

有些宝宝改食配方奶或添加辅食后可能很不适应，因此要有耐心，辅食添加已经到固体食物期，有些宝宝可能吃流食时间长，对固体硬一些的食品不会咀嚼，要逐步锻炼，且吃流食时间不宜太长。

 妈妈在喂宝宝吃辅食时一定要有耐心，要让宝宝渐渐喜欢上辅食。

宝宝不宜吃的食品

这个月的婴儿已经能吃很多食品，但下列食品最好不吃：

刺激性太强的食品

酒、咖啡、浓茶、可乐等饮品不应饮用，以免影响神经系统的正常发育；汽水、清凉饮料等万一喝上就不肯停下，一直想喝，容易造成食欲不振；辣椒、胡椒、大葱、大蒜、生姜、酸菜等食物，极易损害宝宝娇嫩的消化道黏膜，如口腔、食道、胃黏膜，不应食用。

含脂肪和糖太多的食品

巧克力、麦乳精都是含热量很高的精制食品，长期多吃易致肥胖。

不易消化的食品

章鱼、墨鱼、竹笋和牛蒡之类均不易消化，不应给婴儿食用。

太咸、太腻的食品

咸菜、酱油煮的小虾、肥肉、煎炒、油炸食品，食后极易引起呕吐，消化不良，不宜食用。

小粒食品

花生米、黄豆、核桃仁、瓜子极易误吸入气管，应研磨后供婴儿食用。

带壳、有渣食品

鱼刺、虾的硬皮、排骨的骨渣均可卡在喉头或误入气管，必须认真检查后方可食用。

未经卫生部门检查的自制食品

糖葫芦、棉花糖、花生糖、爆米花，因制作不卫生，食后造成消化道感染，也会因内含过量铅等物质，对婴儿健康有害。

易产气胀肚的食物

洋葱、白萝卜、白薯、豆类等，只宜少量食用。

特殊时期断母乳，应注意哪些问题

　　母乳充足的宝宝，到6个月时也应给其添加辅食，一方面是宝宝的生长发育很快，只靠母乳中营养素的质和量都不能满足宝宝生长发育的需要；另一方面这时的宝宝已经开始长牙，肠壁的肌肉也发育起来，消化功能大大增强，已能消化大多数食物了。添加辅食也是为将来断母乳做准备。应在添加辅食基础上继续母乳喂养至2岁。

　　需要断母乳的，应根据乳妈妈自己的具体情况、宝宝接受辅食和身体状况而定，并给予配方奶。如果恰好是夏季，最好避开炎热的天气。因为夏天炎热，出汗多，消化酶及胃酸的生成相对不足。这不但影响食物消化，而且会使宝宝食欲相对减退，另外，夏季也容易出现消化道感染，如肠炎、腹泻等。此外，如果恰好宝宝有病，如肺炎、消化道疾病等，断奶也应等到病愈后进行；如果婴儿移居外地（如从北京移到海南岛）或更换保姆，也应暂不断奶，待宝宝适应新环境后再断奶。

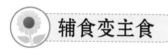 ## 辅食变主食

　　近1岁宝宝的饮食已逐步过渡到早、中、晚一日三餐。主要营养的摄取已由奶转为辅助食物，即婴儿的饮食已不靠母乳（或乳制品）而主要由辅助食品来替代。

　　这个月的婴儿，乳牙已增加到4颗，咀嚼能力更强了，在喂养上应注意改变食物的形态，以适应机体的变化。稀粥可由稠粥、软饭代替，由烂面条可过渡到挂面、面包和馒头。肉末不必太细，碎肉、碎菜较适合。用作辅助食物的种类可大大增多，如软饭、面包、面条、通心粉、薯类；蛋、肉、鱼、肝和豆腐、乳酪；四季蔬菜、水果，特别要多吃红、黄、绿色的蔬菜；紫菜、海带、黄油、花生油、核桃等，每日三餐应变换花样，使宝宝有食欲。关于每餐的食量，要因人而异，大多数婴儿每餐可吃软饭一小碗，鸡蛋半个，蔬菜和肉末各2匙，一日三餐中总有一餐吃得多些，一餐吃得少些，这是正常现象，父母不要担心。因为10个月以后的婴儿生长发育速度较以前减慢，所以食欲也较以前下降，只要一日摄入的总量不明显减少，体重持续增加即可。

婴儿从出生后第五个月开始添加辅食，至10个月大时宝宝对淀粉的消化吸收已经适应，但对鱼和肉类蛋白质还不能完全适应，因此吃肉不能太多，生长发育所需的蛋白质除了主食，还是要由配方奶粉供应。因此，周岁前每日配奶应保持600～800毫升。

宝宝吃鸡蛋学问大

鸡蛋最突出的特点是具有优质的蛋白质，无论是蛋黄还是蛋清，它们的营养价值都极高，易于消化、吸收，利用率达95％。科研数据表明，一个约43克的鸡蛋，含有蛋白质6克，脂肪5克，钙23毫克，磷89毫克，铁1.2毫克，胆固醇300毫克，维生素A 612国际单位，尼克酸0.04毫克，核黄素0.13毫克，硫胺素0.07毫克，热量72千卡，按照科学方法给婴幼儿摄入的鸡蛋量，每天1～2个就足够了。

🔺 鸡蛋对宝宝的身体发育非常有益，妈妈要采用科学的方法来喂食。

由于鸡蛋的营养价值高，大多数人都错误地认为吃鸡蛋越多越好，其实不然。尽管鸡蛋含有丰富的蛋白质，但吃得过多，也是十分有害的。因为过多地食用鸡蛋，增加了消化道的负担，体内蛋白质含量过高，蛋白质在肠道中造成异常分解，产生大量的氨，使血氨增高；未完全消化的蛋白质可在肠道中腐败，产生有毒物质，造成腹胀，头晕目眩、四肢无力等蛋白质中毒的综合症状；此外，鸡蛋的蛋白含有抗生物素蛋白，在肠道中可以直接与生物素结合，从而阻止了生物素的吸收，导致宝宝患生物素缺乏症以及消化不良、腹泻、皮疹；由于氮平衡失调，加重肾脏和肝脏的负担，从而导致脂肪肝、蛋白质过剩性肾炎。

鸡蛋的食用方法也要讲究科学，一定要把鸡蛋煮熟后再给宝宝吃。这样一方面可以把鲜蛋中的寄生虫卵、细菌、霉菌杀死，另一方面益于鸡蛋中营养成分的吸收和利用。千万不要给宝宝生吃鸡蛋，因为：①生鸡蛋带菌比例高，吃后易导致肠道感染；②生鸡蛋的蛋清内含有很多抗生物素蛋白，对人体不利；③生鸡蛋中含有抗胰蛋白酶，此酶能够破坏人体内的胰蛋白酶，从而妨碍蛋白质的分解。

 ## 培养快乐进餐行为

到了这个月，宝宝对食物的接受能力强了，几乎除奶以外的食物，宝宝都喜欢吃。不过，饭菜仍要软些、烂些，味道稍淡些。这时宝宝咀嚼能力进一步加强，小手指也可以自己抓住食物往嘴里放，尽管宝宝吃一半撒一半，但这也是一大进步。这个月也正是模仿成年人吃饭行为的敏感期，看到父母吃饭时，宝宝会不由自主地吧嗒着嘴唇，明亮的双眼盯着饭桌和家人，还会伸出双手，一副馋嘴相。看到宝宝这种表现，父母可以抓住时机，和家里的其他成员一样，在宝宝面前也放一份饭菜，让宝宝和父母同桌进餐，妈妈在一旁适当帮助宝宝进食，宝宝也会高兴地吃。这种愉快的进餐环境对提高宝宝食欲及促进宝宝智能发展是大有益处的。

宝宝和父母一起进餐时，桌上丰盛的食品、色香味俱全的菜肴，可以让宝宝尝一尝，如尝酸味的时候，告诉宝宝"这是酸的"。通过宝宝视、听、嗅、味的感觉信息，经过大脑的活动，促使宝宝增加了对食物的认识和兴趣。但要注意，不能因为宝宝想吃，大家就你一勺、他一筷地喂孩子吃各种大人吃的食品。此时妈妈可以手把手地训练宝宝自己吃饭。妈妈拿一个勺子，给宝宝一个勺子，妈妈喂吃为主，宝宝自己吃为辅，一勺勺地吃，宝宝会感觉自己很能干，一会儿就吃了这么多，这样做，既满足了宝宝总想自己动手的愿望，还能进一步培养宝宝用勺的能力。宝宝自己进餐不可避免地会出现面前一片狼藉、手和脸搞得很脏的状况，但随着年龄的增长，这些情况会逐渐得到改善。因此，父母要保持冷静与温和，使进餐时间成为一段愉快的时光。平时，可让宝宝用勺舀起面包渣等进行训练。

接种疫苗备忘录

接种流行性脑脊髓膜炎疫苗，也可将初免时间推至流脑流行季节前，即11～12月份。

专家医生帮帮忙

🌻 小儿急疹

小儿急疹是由病毒引起的急性发疹性传染病，多见于6个月至2岁的宝宝，尤以1周岁以下宝宝更多见。冬春季最常见，本病传染性不大。

婴幼儿被病毒感染后，经过1～2周的潜伏期，大多数发病很突然，患儿突然高烧达39℃以上，但精神状态良好，多伴有轻微的咽炎、上呼吸道感染的症状或恶心、呕吐等消化道感染的症状，高烧持续3～5天，多数为3天，体温自然骤降，其他症状随体温下降而好转，在开始退烧或体温下降后出现皮疹，皮疹最先见于颈部和躯干部位，很快波及全身，腰部和臀部较多，面部和膝以下皮疹较少，这是以中心多、周边少的向心性皮疹为主要特点。经过1～2天就可以完全消退，疹退后不留色素沉着，皮疹不脱屑，不留痕迹。病程中有耳后及枕后的淋巴结肿大，退热后的几周内便消退。

幼儿急疹在皮疹出现以前，诊断较为困难，容易误诊为上呼吸道感染或消化不良，当热退疹出以后，诊断明确，且病即将痊愈，家长无须再带宝宝到医院。小儿急疹的患儿一般很少有并发症，高烧时可服退烧药，发生惊厥、呕吐、咽部充血时并可给予对症治疗，注意多饮水和休息，不需特殊治疗。

🌻 小儿腹泻

腹泻是婴儿常见的病症。婴儿消化功能不成熟，发育又快，所需的热量和营养物质多，一旦喂养不当，就容易发生腹泻。常见的腹泻原因有：进食量过多或次数过多，加重了胃肠道的负担；添加辅食过急或食物品种过多；食用过多油腻带渣的食物，使食物不能完全被消化；喂养时间不定时，胃肠道不能形成定时分泌消化液的条件反射，致使婴儿消化功能降低等。另外，由于食物或用具污染，使婴儿吃进带细菌的食物，引起胃肠道感染，婴儿患消化道以外的疾病（如感冒、肺炎等），也可以因消化功能紊乱而导致腹泻。环境温度过低或过高时，宝宝也可能出现腹泻。婴儿腹泻后应做好以下几件事：

不必禁食

不论何种病因的腹泻，婴儿的消化道功能虽然降低了，但仍可消化吸收部分营养素，所以吃母乳的婴儿要继续哺喂，只要婴儿想吃，就可以喂。喂牛奶的婴儿每次奶量可以减少1/3左右，奶中稍加些水稀释。如果减量后婴儿不够吃，可以添加含盐分的米汤，或哺喂胡萝卜水、新鲜蔬菜水，以补充无机盐和维生素。已经加粥等辅助食品的婴儿，可将这些食物数量稍微减少，少食多餐。

保证喂水

婴儿腹泻很容易造成脱水，应及时喂水，并及早发现脱水症状。当婴儿腹泻严重，伴有呕吐、发烧、口渴、口唇发干、尿少或无尿、眼窝下陷、前囟下陷、在短期内"消瘦"、皮肤"发蔫"、哭而无泪等状况时，这说明宝宝已经脱水严重了，应及时将患儿送到医院去进行治疗。

预防脱水

用口服补液盐不断补充由于腹泻和呕吐所丢失的水分和盐分，脱水便不会发生。口服补液盐（ORS）1000毫升，内含氯化钠3.5克、碳酸氢钠2.5克、氯化钾1.5克、葡萄糖20克，用量须遵医嘱，预防脱水和治疗脱水用的量和喝的速度是不同的。一定要详细向医生进行有关咨询。口服补液盐含糖浓度为2%，研究证实这种糖浓度最利于盐和水进入体内，以补充腹泻时的损失，它的效果已被世界公认，是预防和治疗腹泻脱水的良方。

不滥用抗生素

许多轻型腹泻不用抗生素等消炎药物治疗就可自愈；或者服用妈妈爱等微生态制剂，思密达等吸附水分的药物也很快可以病愈，尤其秋季腹泻因病毒感染所致，应用抗生素治疗不仅无效，反而有害；细菌性痢疾或其他细菌性腹泻，可以应用抗生素，但必须在医生指导之下进行治疗。

家长应仔细观察宝宝大便的性质、颜色、次数和大便量的多少，将大便异常部分取样留做标本以备化验，但必须在取样后2小时内送到医院化验检查，大便标本必须放在玻璃瓶内，不能放在尿不湿上；要注意腹部保暖，以减少肠蠕动，可以用毛巾裹腹部或用热水袋敷腹部；注意让宝宝多休息，排便后用温水清洗臀部，防止红臀发生，还应把尿布清洗干净，煮沸消毒，晒干再用，或用尿不湿。

宝宝噎着了怎么办

婴儿的喉咙、食道都比较窄小，吞咽功能有时不够协调，在进食时，尤其是添加辅食以后，经常会发生噎食的情况，严重者可能导致窒息。

因此，父母给宝宝喂的食物要切碎，并注意要让宝宝安静进食，勿乱动。但当宝宝发生了噎食的时候，父母可以采取鼓励宝宝咳嗽的方法，不要试图用手拿出堵塞物，这可能使食物滑入喉咙更深处完全堵住气管。如果宝宝不能呼吸，脸色变紫，则表明堵塞物极有可能堵住了气管。由于婴儿的内部器官非常脆弱，不要用力按揉他的腹部，因为这种方法只适用于更大一点的孩子和成年人。父母可以采取以下步骤：

① 将婴儿头朝下放在前臂，固定住头和脖子。对于大些的宝宝，可以将宝宝脸朝下放在大腿上，使其头比身体低，并得到稳定的支持。然后用手腕迅速拍肩胛骨之间的背部四下。

② 如果宝宝还不能呼吸，将其翻过来躺在坚固的平板床上，仅用两根手指在胸骨间迅速推四下。

③ 在经过上面两种方法后，婴儿如果还不能呼吸，且异物较大时，可以用手提上颚，发现异物后，用手指将其弄出。

④ 如果宝宝不能自主呼吸，试着用嘴对嘴呼吸法或嘴对鼻呼吸法两次，以帮助婴儿开始呼吸。可能吹气会将食物更加推深，但应先让宝宝能够呼吸以保全生命，然后再设法取出留置于体内的异物。

⑤ 反复进行以上几步，同时拨打急救电话，紧急救助。

宝宝嗓子里卡了鱼刺怎么办

首先应该明确的是，不要让宝宝吃带刺的鱼肉，尤其是小刺多的鱼，鱼刺清除不干净，很容易发生意外。

如果不慎让鱼刺卡在喉咙，可以用软糖放入孩子嘴里咀嚼，待软糖有黏性时，再轻轻吞咽下去，利用软糖黏性将鱼刺粘住吞下。或给宝宝吃一小口米饭，或许能将鱼刺裹住咽下去。

如果这些措施都没有奏效，应及时带孩子去看喉科医生。喉科医生有经验，有喉镜，利于操作。千万不要手忙脚乱地在宝宝咽喉部胡乱掏。如果发现鱼刺粗长或卡的位置比较深，可以用镊子取出。但前提是家长要冷静，不能慌，而且宝宝不大哭大闹。

最根本的是：出现"急救意外"不如"预防意外"发生。很多家长朋友虽然参加过急救学习班，但是，面对意外却依然手忙脚乱，无法保持冷静，而且孩子听不懂话，也不会配合，常常哭闹不止。所以预防是根本，不让小孩吃有刺的鱼才是最重要的。

 ## 宝宝爱咬人怎么办

宝宝6个月以后，长出乳牙，就会喜欢吃手，咬别人的手，或咬一些固体东西，以缓解出牙的痒痒等不适。如果宝宝出现这种情况，父母应经常给宝宝一些固体食物吃，如拇指棒之类的食品，或用磨牙器锻炼宝宝的咀嚼功能，帮助宝宝缓解不适。

在这个时期，宝宝的情感逐渐发展，依恋家人，离不开妈妈，而且情绪变化大，易冲动，又不会用语言表达，所以常常是行为表现特殊。无论高兴还是生气可能都会咬人。随着年龄的增长，宝宝咬人的习惯会逐渐被手的动作取代，情绪趋向稳定，家长不必过于担心。

当宝宝咬人时，家人不要大声叫嚷，淡化处理反而会减少宝宝咬人的举动。因为当宝宝想通过咬人这种行为获得更多关注时，大声斥责宝宝会让他觉得受到关注，反而淡化处理，不理睬宝宝，对于纠正咬人习惯更有效果。

聪明宝宝智能开发方案

手的操作水平，心理学上叫作"精细动作智商"，是发育商的重要指标之一，呈阶梯形发展。手的操作是认知发展的催化剂。

10个月的宝宝精细动作智商进一步发展。此时手的精细动作产生了质的飞跃，可以用拇—食指对捏，宝宝的五指分工、灵巧配合，并能够根据物体的外形特征较为灵活地运用自己的双手。这个阶段的宝宝做和想是联系在一起的，是在做中想，边想边做。因此，婴儿动作的发展，特别是手部动作的发展是儿童智力发展的重要指标，手的能力已由满把抓物飞跃到能抠、捏、穿、敲、丢、扔、捡、碰、推和拉等，手在大脑皮层占的面积很大，多动手，就会大大促进脑发育。可谓"手巧心才能灵"。

很多家长总担心孩子胡乱抓东西不卫生，所以，为了不让宝宝动手抓东西，便把玩具和其他用品收起来，不让宝宝碰到。殊不知，这是人为地阻挠宝宝智慧和才能的发展。

 早教益智游戏方案

大动作智能

亲子游戏 独站片刻

游戏目的：

让宝宝练习用双脚站立，锻炼宝宝下肢肌肉。

游戏玩法：

STEP1 妈妈用双手轻轻托住宝宝的腋下。

STEP2 帮助宝宝站稳后，将双手慢慢收回并拍手说："宝宝乖，宝宝快站好。"

STEP3 每天数次。也可以让宝宝靠在栏杆或背靠墙站立片刻，帮助宝宝渐渐学会在无扶无靠的条件下学会独自站立。

精细动作智能

亲子游戏 开套杯盖

游戏目的：

培养宝宝手部的灵活性，促进空

间知觉的发展。

游戏玩法：

STEP1 拿一只带盖的塑料茶杯放在宝宝面前，给宝宝做个示范，进行打开盖子、再合上盖子的动作。

STEP2 待宝宝注视后，再让其练习只用大拇指与食指将杯盖掀起，再盖上，反复练习数次。

STEP3 宝宝做对了，要给予适当的称赞和鼓励。

语言智能

亲子游戏 **模仿动物**

游戏目的：

拓展宝宝语言表达的范围，帮助宝宝提高语言能力，增长宝宝的自然智慧。

游戏玩法：

STEP1 准备几张小动物的卡片摆在宝宝面前并问："宝宝，你知道卡片上的动物怎么叫吗？"

STEP2 举起其中的青蛙卡片，慢慢地告诉宝宝："这是青蛙，呱呱呱。"重复2～3次。

STEP3 依次拿出其他卡片，并模拟每一种动物的叫声。

STEP4 随机拿出一种动物的图片，问："这种动物怎么叫？"慢慢地引

导宝宝跟着自己模仿动物的叫声。

逻辑—数学智能

亲子游戏 **我一岁了**

游戏目的：

建立最原始的数学概念，了解数字"1"。

游戏玩法：

STEP1 在宝宝情绪稳定的时候，试着问宝宝："你几岁了？"

STEP2 要耐心地告诉宝宝："我1岁了！"并教宝宝竖起食指表示自己1岁了。

STEP3 训练数次之后，宝宝会竖起食指表示1，如"你要几块饼干"，宝宝会竖起食指，表示要1块。这时只给宝宝一块，让宝宝巩固对"1"的认识。

音乐智能

亲子游戏 **随声舞动**

游戏目的：

帮助宝宝辨别音乐的节奏，提升宝宝的乐感。

游戏玩法：

STEP1 给宝宝播放经常听的节奏明快的婴儿音乐或给宝宝念一些简单、

押韵的儿歌。

STEP2 引导宝宝随声点头、拍手。也可用手握着宝宝的两只胳膊，左右摇动宝宝的身体。

STEP3 每天重复训练后，宝宝能跟随音乐的节奏做些简单的动作。

空间知觉智能

亲子游戏　藏宝游戏

游戏目的：

　　培养宝宝追踪物体运动和寻找的能力，促进宝宝视觉空间智慧的发展，提高宝宝解决问题的能力。

游戏玩法：

STEP1 当着宝宝的面，将他喜欢的某一玩具或水果藏起来。

STEP2 询问宝宝："东西呢？哪去了？去找找看。"

STEP3 宝宝找到物品后，再将玩具藏到别处，再请宝宝找出来。

认知智能

亲子游戏　识图、字、物

游戏目的：

　　帮助宝宝尽快掌握更多的词汇，分辨物品的类别，促进宝宝语言能力的发展。

游戏玩法：

STEP1 拿出宝宝熟悉的4～5张图片，放入一大堆图片中并让宝宝找出它们。一旦宝宝找出来，就要大加赞赏和鼓励宝宝。

STEP2 在图片中加入1～2张字卡，引导宝宝找出它们。

人际交往智能

亲子游戏　个性滑梯

游戏目的：

　　大大增进宝宝和父母的身体接触和感情交流，对培养宝宝的交往智慧非常有帮助。

游戏玩法：

STEP1 爸爸坐在沙发上，双腿自然垂直，略向前伸，妈妈将宝宝抱着放在爸爸的膝盖上。

STEP2 爸爸用双手扣住宝宝的腰部，妈妈坐在爸爸的脚的旁边，正面对着宝宝。

STEP3 爸爸放松双膝，慢慢地让宝宝向下滑，用双臂的力量帮助宝宝向下进行运动，并对宝宝说："坐滑滑梯啦！"

STEP4 妈妈在下面张开怀抱，满脸笑容迎接宝宝，当宝宝滑下的时候，将宝宝抱住。

分类	项目	测试方法	通过标准	出现时间
大动作智能	独站	扶着宝宝让其站立后松手	独站2秒以上	第__月第__天
精细动作智能	打开瓶盖	父母示范打开瓶盖过程，让宝宝模仿	会模仿做	第__月第__天
语言智能	会叫爸妈	观察宝宝叫"爸爸"、"妈妈"是否是有意识的	见妈妈叫"妈妈"，见爸爸叫"爸爸"	第__月第__天
逻辑—数学智能	问年龄	父母问宝宝"你几岁了"	会用手指表示"1"	第__月第__天
音乐智能	随声舞动	播放宝宝熟悉的音乐，引导宝宝活动自己的身体	会随着音乐做简单的动作	第__月第__天
空间知觉智能	寻宝	在宝宝面前把他的心爱之物藏起来	能够找到物品	第__月第__天
认知智能	认图卡	让宝宝听物品名拿出相应的图卡	听物名能拿或用手指出对应图片	第__月第__天
人际交往智能	懂命令	给宝宝下指令让宝宝做几件事，如"把××拿来"、"把××给妈妈"、"坐下"等	懂命令，并做相应的事	第__月第__天

第十一章
第 11 个月

生长发育月月查

 身体发育指标

	男孩	女孩
身长	70.9～82.1厘米，平均76.5厘米	69.7～80.5厘米，平均75.1厘米
体重	7.8～12.0千克，平均9.9千克	7.2～11.3千克，平均9.2千克
头围	43.7～48.9厘米，平均46.3厘米	42.6～47.8厘米，平均45.2厘米
胸围	42.2～50.2厘米，平均46.2厘米	41.1～49.1厘米，平均45.1厘米

注：身长：比9～10个月平均增长2.3～2.6厘米，每个月增长1.2厘米
　　体重：比9～10个月平均增长0.4～0.5千克，每个月增长0.23千克
　　头围：比9～10个月平均增长0.6～0.7厘米，每个月增长0.33厘米
　　胸围：比9～10个月平均增长0.6～0.7厘米，每个月增长0.33厘米

 智能发展水平

◎ 牵着能行走
◎ 会用棒够物
◎ 认识日常用品
◎ 会用动作语言
◎ 会用称谓语言

➡ 11个月大的宝宝已经能够让父母牵着手行走了。

养育也要讲科学

教养要点

◎ 练习独走。
◎ 学搭积木。
◎ 学翻书、找图画。
◎ 随音乐韵律扭动身体。
◎ 念儿歌、童话、诗歌。
◎ 鼓励宝宝说出来。
◎ 实践中加强认知。
◎ 注意膳食安排。

宝宝喂养原则

营养是保证宝宝正常生长发育、身心健康的重要因素，可促进体格生长和智力的发育，而精神心理的正常是宝宝养成良好的生活、卫生、行为习惯的前提，使宝宝的各种活动都会成为自觉的行动，如到进餐时，消化液就开始分泌，胃肠就开始蠕动，有饥饿感，为接受食物作准备，从而保证营养物质的摄入。

营养是婴幼儿身体生长发育的基础。在快速生长发育的婴幼儿期，只有营养供应充足，孩子的身体才会长得结实、强壮。营养关系到大脑功能，营养不良能使婴幼儿大脑的发育产生灾难性的影响，造成智力发育和体格发育不良，并且在成年后也无法弥补，因此，为了宝宝能有健康的体魄，就必须重视营养。

婴幼儿对营养的需要与成年人一样，所需的各种营养素都是由食物供给的，食物是保证合理供给营养的物质基础。每种食物含的营养素不同，科学研究表明，没有任何一种天然食物能包含机体所需要的全部营养素。因此，只有保证婴幼儿营养食品的品种尽可能多样化，使热量和各种营养素数量充足，比例恰当，才能保证婴幼儿的健康。

宝宝对母乳过分依恋，怎么办

部分母乳喂养的宝宝，断乳时令妈妈十分困惑。有的宝宝只依恋母乳不吃配方奶，也不吃辅食。宝宝天天哭闹不休，搞得妈妈心绪不宁，宝宝则终日无精打采。出现这种情况时，妈妈应该怎么办呢？

首先，断母乳的头几天妈妈要沉住气，既要坚决又要有耐心，比如宝宝感到饥饿，十分想吃奶时，先把配方奶粉给宝宝冲好，给宝宝按摩嘴唇1～2分钟，然后马上喂冲好的配方奶粉，一般都能成功，喂辅食也是如此。

其次，在准备断母乳改喂吃奶粉或辅食前初始，对那些过分依恋母乳的宝宝，妈妈最好暂时回避，让家人按规定给宝宝喂配方奶和辅食，宝宝看不见妈妈，饥饿时就会饥不择食。但一定不能强迫宝宝进食，能吃多少就吃多少，慢慢宝宝就会适应了。

最后，断母乳其实并不是一件困难的事，关键是要及早准备，这就是说要及早训练宝宝的味觉，让宝宝什么味道都尝尝，及早适应配方奶粉，辅食按时添加，让宝宝独自睡觉，不要含着妈妈乳头入睡，这样日后断母乳也不会太困难。

 ## 宝宝不宜多吃的食品

有些食品可以食用，但不宜过多食用。

① **蜂蜜及花粉类食品**：蜂蜜是营养品，但其易受污染，1岁以内的婴儿肠道内缺乏抵抗细菌的抗体，待1岁后可适当服用。

② **橘子**：每天吃不超过3个。

③ **柿子**：难消化，婴儿不宜过多食用。

④ **李子**：多食可损伤脾脏。

⑤ **杏**：味甘酸，性微温，婴儿不宜多食。

⑥ **韭菜**：难消化，婴儿食用易刺激肠胃。

⑦ **黏食**：糯米、黄米、黏高粱米等黏滞不易消化之物，婴儿不可多食，煮粥时只能加入少量。

⑧ **各种强化食品**：应尽量少用，更不可将强化食品代替自然食物。

宝宝吃点心的新学问

宝宝每餐吃不多，一天光吃三餐，尚不能保证生长发育所需的营养，因此，除吃主食和配方奶外，有时需添加一些小点心。宝宝已能用手灵巧地捏起食物，放到嘴里；点心味道香甜，手捏很方便，因此大多数宝宝都喜欢吃点心；父母看到宝宝吃点心时高兴的模样，更是喜在心里，把各种点心都买来，让宝宝吃个够。其实，这样做会导致宝宝吃饭时没食欲、营养缺乏和出现偏食。

从营养学的角度，点心的主要成分是碳水化合物，同粥、米饭、面食一样，只要宝宝吃米、面食，就没有必要吃点心，但是由于点心好吃，宝宝爱吃。所以可以作为一种增进宝宝生活乐趣的调剂品适当吃一些。一般在上午10点左右，下午3点左右补充一点小点心和水果。

另外，在宝宝长牙后，含糖多的点心往往会导致龋齿；夹心点心中奶油、果酱、豆沙，有时会造成细菌繁殖，引起腹泻、消化道感染；大量吃点心，会影响食欲，不利于良好饮食习惯的形成。因此，吃点心要因人而异。吃主食好的宝宝尽量少吃点心。再者，点心也应该每天定时，不能想吃就吃。如有些饭量大的宝宝，没吃点心已经很胖了，再过量进食甜食就会加重肥胖，因此不要再给胖宝宝进食甜点心，可以用适量水果代替点心，来满足宝宝旺盛的食欲；相反，有些饭量小的宝宝，体重增加不理想，在饭后1～2小时少量吃些点心还是可以的。三餐饭菜吃得很好，只需适当添加点心。给宝宝吃点心也要有节制，餐前不能吃点心，否则吃饭时就没有食欲。但是，有些妈妈见宝宝三餐饭菜没好好吃，就想喂点点心补充营养。结果，宝宝越来越不好好吃饭，养成吃零食的习惯。另外，父母在选购点心时，不要选太甜的点心，还要记住巧克力等糖果不要作为点心给宝宝吃。

 ## 为居室装上安全措施

这个年龄宝宝已学会四肢爬行、扶站，有的宝宝已经会迈步了，活动范围更广，加上好奇心强烈，父母很难预料到宝宝会干出什么事情来。宝宝爬行的本领很大，开始会攀高，虽能扶着迈步，但动作不稳，跌跌撞撞，常会摔倒。宝宝刚开始感知这个世界，会尽全力去探索和接触，既不懂什么东西有危险，也不懂怎样保护自己，因而容易发生一些意外的事故。此时保证居室安全十分重要。

宝宝的脚步不稳，头重脚轻，易摔倒，而且头容易碰撞桌椅的棱角，所以这些地方要包上海绵垫，以防止摔伤，如果条件许可最好改造一下居室，让宝宝在空旷的房间玩耍；组合式柜子或桌子等，应将其固定好；柜子应该没有可供宝宝踩、抓的地方，使宝宝无法攀爬；室内楼梯应加护栏，桌、椅、床均应远离窗子，防止宝宝攀爬到窗边；宝宝的用品，如坐的椅子应稳重且坚固；床栏应坚固且高度应超过宝宝胸部；借用别人的小车应检查挂钩和车轴，以防意外发生。万一宝宝从高处摔下来，要观察其状况，若出现呕吐、神志不清，要立即送医院就诊。

 ## 遇到这些情况，需立即向医生求助

婴幼儿生病很难在早期发现，因为宝宝们不会像大孩子一样诉说自己的病状，只有靠家长细心地观察来发现异常。可从以下几方面来观察：

① **食欲差**：宝宝一向吃饭香，突然食欲不振、不愿吃东西，有时伴有呕吐。

② **大便异常**：表现在大便次数增加，带有不消化食物，并有酸臭味、混有泡沫，或呈水样便，或呈蛋花样便，或呈脓血便。

③ **发烧**：可能体温稍高，为37.5～38.5℃；也许24小时高烧不退，并有感冒、呕吐或腹泻症状；发热3天以上而不退。

④ **睡眠不好**：睡眠不安，易惊醒、烦躁。

⑤ **鼻塞、流涕，严重者气喘、口周发青。**

⑥ **抽风，颈部僵硬。**

⑦ **发热，皮肤出疹。**

婴幼儿病情变化极快，如发现异常，无论病情轻重均应及早就医，并及时诊治，以免延误病情。

接种疫苗备忘录

1. 接种风疹疫苗和流行性腮腺炎疫苗。
2. 接种流行性脑脊髓膜炎疫苗，也可推至11～12月份流脑流行季节接种。

专家医生帮帮忙

 **小儿肥胖症**

小儿肥胖症的原因主要是热量摄入和消耗失衡的结果，是一种营养障碍性疾病。在美国，肥胖现象发展迅速，6岁儿童中约1/3存在体重问题。中国4~16岁的孩子中，肥胖发生率为男孩14.8%，女孩9.3%，超重加肥胖儿已达25%~27%。小儿肥胖症多属于单纯性肥胖症，即非内分泌代谢性疾病所致。儿童肥胖是21世纪严重的健康—社会问题，是典型的生活方式疾病。因此，父母一定要重视起来，杜绝小儿肥胖症。

小儿肥胖症的诊断标准

小儿体重超过同性别同身高正常宝宝均值20%以上即可诊断为肥胖症。肥胖的分度分为以下几级：①超重：大于参照人群体重的10%~19%；②轻度肥胖：超过参照人群体重的20%~39%；③中度肥胖：大于参照人群体重的40%~49%；④重度肥胖：大于参照人群体重的50%。

肥胖和肥胖症宝宝的表现

这种宝宝一般从小就食欲旺盛，多数喜欢甜食和高脂肪食品（喜欢吃肉，喜欢吃麦当劳、肯德基等），体重增长迅速，体态胖，皮下脂肪积聚厚，分布均匀，行动不便，不喜欢运动，易疲劳，出汗多，甚至出现肺功能障碍，换气不足，缺氧，发绀，心脏扩大以致心力衰竭。

肥胖症对宝宝身心发展的影响是十分严重的，不可逆的

肥胖症对宝宝心脏、血管、呼吸系统功能的影响是长期的、慢性的损害，常常是不可逆的损害。危害大的成年人疾病，如高血压、糖尿病、冠心病，如今也成了肥胖儿童的常见病。有的肥胖小儿在儿童期就发生冠心病、高血压、糖尿

病；有氧能力发育落后，提前动用心肺储备功能，健康水平严重受损；另外，这些宝宝多数有严重的心理行为障碍，其中多数缺乏自尊心、自信心，良好人格塑造、气质培养、行为习惯的养成也会受到严重影响；儿童肥胖还与青春期性发育、成年后某些癌症的发生有关。可见肥胖对孩子的影响是多么严重。

小儿肥胖症的诱因

儿童肥胖症主要与遗传、营养过剩（热量过高）、运动过少有关。

热量过高

经常进食高脂快餐（如大鱼大肉，麦当劳、肯德基等），过食甜食、冷饮、巧克力、软饮料等。

家长观念

多数家长总担心宝宝瘦，少吃一口，都害怕孩子会营养不够，"宁可多，不可少"，配方奶喂得过于频繁。进食量过多，尤其是肉食、甜食、零食过多，填鸭式地劝吃劝喝，片面追求营养，导致营养过剩。

活动或运动量少

静坐或看电视时间过多。总之，随着生活水平的提高，市场上小儿零食的"繁荣"，乳业的广告宣传，家长营养知识的缺乏，活动空间不足等，使小儿肥胖症越来越多。

小儿肥胖症的预防和治疗

首先要从孕期合理营养做起；出生后小儿营养要全面均衡，不偏食、不营养过剩；出生后2个月发现宝宝有肥胖趋势，或者有遗传因素存在，则要及早在营养专家的指导下，给宝宝实施"体重控制"。

⬆ 妈妈要控制好宝宝的饮食，不偏食也不能营养过剩，以免造成宝宝肥胖。

胖宝宝的体重管理方案

对有肥胖遗传因素而且处于婴儿早期，如2~3个月就已经超重的宝宝，要及早实施科学营养和体重管理措施。

最佳的控制体重的方法就是在宝宝饮食上要营养均衡、适度。添加辅食前，尽量喂母乳，定时哺喂，有的妈妈1~2小时喂一次，还怕营养不够，额外添加配方奶粉，以致2个月大的宝宝就吃得很多，体重超重；添加辅食或改进主食后，控制主食摄入过多，或让宝宝先喝汤再吃主食和菜。同时，减慢宝宝吃饭速度，养成细嚼慢咽的习惯，少添加主食，适当多添加蔬菜。尽量参考以下原则：

① **要掌握宝宝体格发育特点和正常范围**。每月末测量身长、体重，并且记录体重下滑状况，也不要一次让宝宝瘦得太多，影响健康。

② **要注意给宝宝补充水分**。可以通过更换尿布的次数来评估水分摄取是否充足。

③ **实施体重控制**。体重控制不是减肥，而是在保证均衡营养的前提下，不要让营养过剩，体重过重。所以，要细心、耐心地为不同年龄段的宝宝制订合理的喂养计划。

④ **在宝宝哭闹的时候，不要以食物作为安慰剂**。以免食量越来越大。

⑤ **让宝宝从小养成细嚼慢咽的习惯**。吃得多、吃得快是肥胖宝宝饮食行为的特点。

⑥ **宝宝膳食要营养均衡**。少吃油炸食物和过多甜食等。

⑦ **要尽量让宝宝多运动**。在家里可尝试做床上运动，像翻身打滚、迂回爬行等，以此消耗热量，达到控制体重的目的。

 包茎的手法矫正和手术治疗

几乎每个男宝宝出生时都有不同程度的包茎。即包皮将阴茎包住，龟头无法露出。但出生数月后，包皮就逐渐与龟头分离。在出生1岁左右，包皮能自动向后退缩，露出龟头。如果1岁后，包皮仍然紧紧地包着龟头，不能上翻，严重者会出现排尿困难，并可因尿液逆行，造成肾脏的损害。尿道口存积污垢，长期慢性刺激，对龟头会造成损害，或导致尿道口发炎，甚至加重排尿困难。

治疗包茎的方法就是做包皮环切手术，即将过长的包皮切除。方法简单，无须住院，恢复很快。在国外，习惯出生后不久就对宝宝进行手术。而国内泌尿科大夫主张对有包茎的婴儿采用手法矫正进行治疗，即用拇指、食指往后推包皮，渐渐包皮就可松开，并露出龟头。这种方法简单，靠家长之力就可以帮助解决，除非包茎严重或包皮与龟头有粘连，光靠手法矫正无效，则要到小儿外科进行手术治疗。

 ## 隐睾与生育

正常男宝宝出生后，阴囊内有两个睾丸。但有的男宝宝只有一个睾丸或两侧均触摸不到睾丸，而睾丸在腹股沟里或在腹腔里，医学上称为隐睾。隐睾有单侧、双侧之分。单侧隐睾，另一侧睾丸正常，对孩子将来的生长发育、生育能力均无影响；如果双侧隐睾而且都在腹腔里，会对孩子未来生长发育和生育能力产生影响。如果及时进行手术，一般不会产生影响生育的问题。

在胚胎时期，男宝宝的两个睾丸位于腹腔内，在腰部肾脏附近，随着胎儿发育成熟而逐渐下降。胎宝宝在4~6个月时，睾丸下降至接近腹股沟管处，7~8个月时就应下降至阴囊。有的宝宝，出生后睾丸仍在腹股沟管外口处，未完全下降至阴囊，一般在6个月以内可下降到阴囊，1岁以后仍不下降至阴囊者很少。

有少数宝宝的睾丸在腹腔内，不能下降至阴囊。由于小睾发育欠佳，体积较小，位置又不正常，发育会受到影响，如经常受到挤压，还会使之萎缩。睾丸在腹腔内有出现肿瘤的概率。故当男宝宝1岁左右时，阴囊和腹股沟仍摸不到睾丸，就应看泌尿外科医生，以便早日手术治疗。手术前为了使患儿精索伸长，睾丸增大，以利睾丸下降，可考虑用激素（绒毛膜促性腺激素）治疗一个疗程。但切忌长期使用激素，以免使宝宝发生性早熟。不论采用什么方法治疗都应到条件好的医院，请有经验的医生诊治。

另外，有极少数宝宝为睾丸异位在别处，如睾丸在大腿根部、鼠蹊部附近。这种情况亦需动手术进行治疗。

佝偻病

佝偻病的初期表现

佝偻病初期表现为夜惊、睡不实、多汗、烦躁不安、枕秃等。夜惊表现为睡不实、经常夜间哭闹、睡眠易醒，出汗多并带有酸臭味。多汗与室温、季节、衣着等无关。烦躁表现为易激惹、无端哭闹、动不动就发脾气，失去正常宝宝的活泼天性。骨骼X线无异常或存在轻度异常，血检查正常或存在轻微异常。

佝偻病激期表现

到了佝偻病激期，除了以上神经症状外，还会出现骨骼变化。前囟增大，边缘薄而软，按压颞骨部呈乒乓球样弹性软化，称为乒乓颅；6个月后病情进展，至7~8个月，额顶和枕顶骨向双侧呈对称性隆起，呈方形，称为方颅；囟门晚闭，常常在18个月后仍未闭合；两侧第5~8根肋骨与软骨连接处，骨组织增生，呈圆形隆起，从上而下排列如串珠状，称为佝偻病串珠；胸骨前突，呈鸡胸样畸形，称为鸡胸；如果剑突内陷，呈漏斗状变形，称为漏斗胸；进而出现"X"形腿或"O"形腿；两侧肋骨软化，形成沟状变形，称为肋膈沟；手腕、脚踝部骨组织增生形成环状钝圆形隆起，称为佝偻病手镯、脚镯。另外，还可以表现为脊柱畸形，出牙迟；全身肌肉松弛，头颈无力，坐、站、走、行等运动能力发育落后，腹部肌肉张力低下，形成蛙腹；表情淡漠，语言发育迟缓，免疫力低下，容易感冒、感染。X片和血液检查可有多项异常。

佝偻病的预防

佝偻病重在预防，应从妊娠期开始，孕期应多进行户外活动，饮食中应富含维生素D、钙、磷和蛋白质等营养物质。必要时补充维生素D400~800国际单位/天，同时补充钙剂。婴幼儿期，宝宝从出生后2周即可开始补充维生素D预防。每日生理需求量为400国际单位并持续到满周岁。维生素D制剂中A和D比例应当是（3~4）：1，或选用单纯维生素D制剂，以防维生素A中毒。同时，注意户外活动和饮食营养的适当加强。

晒太阳能预防佝偻病吗

阳光对宝宝生长发育来说犹如空气和雨露，有助于宝宝身体健康成长。一直以来，我们都认为阳光也是维生素D的"活化剂"，有助于宝宝骨骼的健康发育，但是新的研究发现，给宝宝晒太阳不是越多越好，直射、暴晒会伤害宝宝的视力，且与日后皮肤癌时的发生有一定关系。为此，提醒爸爸妈妈注意：

选择适当的时间

晒太阳时间以上午6～10点、下午4～5点为宜。上午6～10点阳光中的红外线强、紫外线偏弱，可以促进宝宝机体新陈代谢；下午4～5点紫外线中的X光束成分多，可以促进宝宝肠道对钙、磷的吸收，增强体质，促进骨骼正常钙化，每次晒太阳的时间依宝宝年龄大小而定。要循序渐进，由十几分钟逐渐增至1～2小时为宜，或是每次15～30分钟，每天数次。若发现宝宝四肢皮肤变红、出汗多、脉搏加速，应立即带宝宝回家并给予清凉饮料或淡盐水，用温水给宝宝擦身。

不要直晒、暴晒

太阳直射、暴晒会给生长发育中的宝宝带来两大伤害：①会损伤视网膜，造成视力问题，而且这种损伤将是不可逆的；②宝宝皮肤薄嫩易受伤害，而且会增加日后皮肤癌的发生概率。所以，应该带宝宝在树荫下玩耍，在灿烂的阳光下应该戴帽子，以防紫外线伤害宝宝的视力。也就是说，单纯依靠晒太阳预防佝偻病是不行的，仍需要补充维生素D，促进钙的吸收。

晒太阳不要让宝宝空腹

因为在太阳下宝宝出汗多，容易虚脱。空腹则更加重了虚脱的可能。

晒太阳前最好不要给宝宝洗澡

洗澡可将人体皮肤中的合成活性维生素D的材料"7-脱氢胆固醇"洗去，减少维生素D的合成，间接影响钙的吸收。

妈妈带宝宝晒太阳的时候不能直晒、暴晒。

有的父母带宝宝晒太阳时，怕宝宝感冒，给宝宝戴着帽子和手套，还穿着厚衣服，殊不知这样晒太阳很难达到增强体质的目的。因为春天太阳中的紫外线较夏天要弱得多，紫外线要透过衣服再到达皮肤几乎是不可能的。

疳积症

宝宝营养不良，中医又称为疳积症，是一种慢性营养缺乏症。营养不良是婴幼儿期常见的疾病。

宝宝营养良好，主要表现在身高、体重的正常增长。皮肤红润而丰满，肌肉结实有弹性，神经发育正常，宝宝活泼愉快，食欲好，睡得香，反应灵敏。

如果宝宝存在营养不良，通常表现为体重不增、增长缓慢或体重减轻，皮下脂肪减少、消瘦、皮肤松弛及弹性差、毛发干枯无光泽、面色发黄、食欲不振、抵抗力低、多病。虽然近些年随着人们生活水平的提高，重度营养不良的宝宝已很少见到，但轻度营养不良仍有发生。这多是由于父母缺乏营养方面的知识造成的。比如，宝宝偏食、挑食，爸爸妈妈没有给予及时纠正，使某些营养物质严重缺乏。另外，由于宝宝患有某些疾病（如消化道先天畸形、慢性腹泻、感染性疾病等），也可导致营养不良。

预防婴幼儿营养不良，首先要做到对婴幼儿的合理喂养。父母要学习科学的营养知识，掌握科学的育儿方法，如合理安排宝宝的饮食；烹调中注意饭菜的色、香、味，以提高宝宝的食欲。保证各种营养素的充分摄入。纠正偏食和挑食，合理吃零食。父母对宝宝喂养方式忌填鸭式，有的父母认为只要宝宝爱吃，只要这种食物有营养，就尽量满足宝宝，致使胃肠道消化不了所摄取的过量食物，造成消化不良，伤了脾胃。其次要合理安排宝宝的生活起居，注意养成良好的睡眠习惯、饮食习惯、排便习惯等，这些习惯是维持良好消化功能的基础。

一旦发生消化不良，首先要找到引起消化不良的原因。如果是因为喂养不当，就应在营养专家的指导下逐渐改善喂养方法；如果是因为膳食结构不合理，也可以在营养专家的指导下调整膳食结构，切忌操之过急。一定注意添加的营养食品要适合宝宝的消化能力。如果因某种疾病所致，要积极治疗原发病。其次，中医的推拿按摩、捏脊是十分有效的治疗方法。必要时，在医生指导下，再配合适当的药物治疗。

疳积症的推拿按摩治疗

补脾经200次，就是在宝宝的大拇指面顺时针方向旋转推动。

揉足三里穴200次、按摩脐部及脐周围的腹部3分钟。

使宝宝取仰卧位躺着，父母用左右两手的手指，分别于胸骨下端沿肋弓分推至两侧的腋中线，分推200次。

推三关穴30次，三关在宝宝前臂阳面靠大拇指那条直线，父母用大拇指或食指、中指指面从宝宝的腕推向肘。

揉腹100次，使宝宝取仰卧位，父母以手掌心，对准宝宝脐部进行腹部旋揉。

推六腑200次，在宝宝前臂阴面靠小指那条线，父母用大拇指面或食指、中指指面自肘向腕推。

揉四横纹100次，父母依次在宝宝食指、中指、无名指、小指的靠近手掌的指关节横纹处进行旋揉。

揉外劳宫穴，外劳宫穴正对内劳宫穴，即手背重点。父母用手以顺时针方向揉200次。内劳宫穴在宝宝自然握掌，中指尖贴着的地方。

揉宝宝手掌大鱼际100次，在宝宝大拇指下方，在手掌肌肉隆起的地方。揉中脘200次，揉天枢200次，捏脊3次。

如何缓解消化不良

婴儿阶段是宝宝生长发育最快的时期，需要丰富的营养物质，因而进食的次数较多，但宝宝脾脏功能不足，其消化腺发育不全，神经功能调节不足，再加上很多父母在喂养方法上掌握不当，会影响其脾胃脏功能，引起消化功能紊乱，导致宝宝出现消化不良，甚至还会出现"疳积"症。

减少宝宝消化不良七要点：

定时定量

让宝宝从小养成良好的饮食习惯，做到定时定量，使胃肠活动有张有弛，协调好阴阳平衡，保护好消化功能。

不偏食挑食

注意营养要全面而均衡。这就要做到食品多样化，荤素搭配，粗细搭配。让宝宝从小养成吃什么都香的饮食习惯。

控制零食

克服零食不断的坏习惯，让胃肠有排空和休息的时间。尽量不给宝宝食用煎、炸、油腻、膨化、有刺激性的食品。

让宝宝有好食欲

宝宝天生都具有好食欲。从小让宝宝有个安静而固定的进食环境，使宝宝一进入进食环境，就有好好吃一顿的欲望。偶尔一两顿宝宝不想吃，或吃得不如以往多，没有关系，继续观察，不要强迫宝宝进食甚至参照书本、奶粉说明机械教条地喂宝宝。不要让宝宝在饭前吃零食，喝饮料，吃糖果。避免进食时让宝宝过于兴奋、悲伤或精神紧张。

注意保暖

不要使宝宝的胃肠道受寒冷刺激，同时注意保暖，尽量减少呼吸道及胃肠道感染。

定时排便

注意保持消化道通畅，养成定时排便的习惯。尽量不使有毒代谢产物在消化道堆积过久。

注意卫生

帮宝宝养成饭前洗手的习惯，在喂宝宝吃东西前一定要洗手，以免细菌进入宝宝身体，引起胃肠道感染。

聪明宝宝智能开发方案

 学步车与感统失调

许多家长认为学步车是繁忙妈妈的好帮手。因为宝宝在学步车内，可以朝着自己想去的各个方向前进，也可以在车内单独与安装在车上的玩具一起玩，不至于到处爬引发安全事件。妈妈洗衣服、做饭、看书、看电视、打扫卫生都不会耽误，对于学业、晋升等压力都有时间去应对。所以，"学步车"既可以是孩子的玩伴又可以是妈妈的安全寄存处。其实，长时间待在学步车里，宝宝会失去充分爬行的机会，这是日后儿童感觉统合失调的重要原因之一。

首先，学步车把婴儿固定在内，使婴儿失去学习各种动作的机会。如果宝宝正处在学爬期，那么，将得不到爬行的锻炼；如果宝宝处在学站、练走阶段，不能练习独站，将来学会走路也会迟些。这不利于运动智能和感觉统合的发展。

其次，宝宝缺乏同自身周围的各种事物的接触，只会自己一会儿向左猛冲，一会儿向右猛冲。父母忙于自己的事务，保姆忙于干家务或专注于看电视，与宝宝语言交流少，也不带领宝宝进行充分爬行，不牵着宝宝练习走路，导致宝宝日后的学习能力，如读书、拼写、思维推理、语言表述和语言生成的发展都会不同程度地发生滞后，最起码会达不到应有的水平。

最后，容易发生意外事故。因无人随时守候在宝宝身边，宝宝在学步车内横冲直撞，可能碰到门的边沿、石头、地毯而使车翻倒，或墙边、桌角碰着宝宝的头，致使宝宝受伤。

因此，父母应想到学步车并不是可完全信任的保姆。尽管宝宝在学步车内，给爸爸妈妈节省了不少时间，但绝对不能把学步车当作安全的"港湾"，它会给宝宝的智能发展带来负面影响。

家长不能过度依赖学步车，学步车并不是安全的『港湾』。

大动作智能

亲子游戏 推车能手

游戏目的：

　　锻炼宝宝腿部的肌肉，训练脑的平衡功能，促进眼、手、足的协调发展。有助于宝宝智能的开发。

游戏玩法：

STEP1　选择一块比较平坦的地面，拉着宝宝的推车，让宝宝抓住推车的另一端。

STEP2　父母慢慢向后退，引导宝宝跟着自己的脚步慢慢向前走。

STEP3　在推的过程中鼓励宝宝："宝宝真能干！走得真好！"

STEP4　稍稍改变后退的方向，慢慢拉着推车作弧线运动，提高宝宝运动的灵活性。

精细动作智能

亲子游戏 翻书运动

游戏目的：

　　训练宝宝手部的灵活性，培养其对书的兴趣以及对知识的探索能力。在翻书中培养宝宝的专注、喜欢读书、爱学习的性格。

游戏玩法：

STEP1　给宝宝一些画面大、字大而少、故事内容有趣的书。

STEP2　要经常在宝宝面前做出翻书的动作，吸引宝宝的注意力。

STEP3　可以假装做出翻不了书的动作，引导宝宝自己去翻书。

语言智能

亲子游戏 一个音表示

游戏目的：

　　锻炼宝宝的发音，扩展词汇量以及提高对词语的理解能力。

游戏玩法：

STEP1　宝宝经常是用一个音来表示自己的各种意思和要求。如"妈妈走"的"走"可以代表妈妈和我一起走、妈妈走啦、去上街、我想要自己走等意思。

STEP2　要经常鼓励宝宝说出来，要有耐心听宝宝说一个音，并做好翻译员的工作。

STEP3　要引导宝宝进行联想、比较，比如：宝宝说"球"时，可以把各种颜色大小的球一个一个拿出来，告诉宝宝这是"红球"，那是"绿球"等，或这是"大球"，那是"小球"等。

逻辑—数学智能

亲子游戏 比较大小

游戏目的：

帮助宝宝理解大小的概念，培养对比概念。

游戏玩法：

STEP1 将宝宝喜欢的大的和小的饼干各一块放在桌上，告诉宝宝，"这是大的"，"这是小的"。

STEP2 用口令让宝宝拿大的和小的，拿对了就让宝宝吃，拿错了就不让宝宝吃，帮助宝宝很快地学会分辨大和小。再用玩具和日常用品让宝宝复习，以巩固对大和小的概念。

STEP3 玩大小积木是值得提倡的游戏，如玩"大的在下，小的在上"，"小的在前，大的在后"等游戏。

音乐智能

亲子游戏 随声舞动

游戏目的：

培养宝宝愉悦的情绪，提高宝宝的乐感和对节奏的感知能力。

游戏玩法：

STEP1 经常给宝宝听节奏明快的婴儿音乐或给宝宝念押韵的儿歌，让宝宝随声点头、拍手。

STEP2 也可用手扶着宝宝的两只胳膊，左右摇动宝宝的身体。

STEP3 多次重复后，宝宝能随音乐的节奏做简单的动作。

空间知觉智能

亲子游戏 寻找玩偶

游戏目的：

锻炼宝宝的观察力，训练宝宝手部的灵活性，培养探索能力。

游戏玩法：

STEP1 让宝宝坐在桌前，当着宝宝的面用一块布把宝宝的玩具包起来。

STEP2 告诉宝宝"玩具不见了"，鼓励宝宝自己去探索和寻找。

STEP3 培养宝宝会手持布包，将布一层层地打开，最后露出玩具。宝宝拿到玩具后会露出高兴的表情。

认知智能

亲子游戏 颜色认知

游戏目的：

帮助宝宝认知红色，并加深对红色的理解。

游戏玩法：

STEP1 拿出一个皮球，告诉宝宝："这是红色的。"反复几次，再问宝宝时，宝宝就会毫不犹豫地指着皮球。

STEP2 拿出一个西红柿告诉宝宝："这是红色的。"宝宝可能会产生质疑。

STEP3 再拿出2~3个红色玩具放在一起，肯定地说："红色。"

亲子便利贴

颜色是较抽象的概念，要给宝宝时间来慢慢理解，学会第一种颜色常需3~4个月。颜色要慢慢认，千万别着急，千万不要同时给宝宝介绍两种颜色，否则更易产生混淆。

人际交往智能

亲子游戏 平行游戏

游戏目的：

培养宝宝愉悦的情绪，提高人际交往的能力。

游戏玩法：

STEP1 在培养宝宝和同龄小朋友玩时，让他们每人手里拿着同样的玩具。

STEP2 让他们在互相看得见的地方各玩各的玩具，互相看得见就会引起模仿。

STEP3 逗引宝宝在小伙伴旁边进行表情和动作及表示意义的声音呼应，使宝宝享有感受伙伴的快乐。

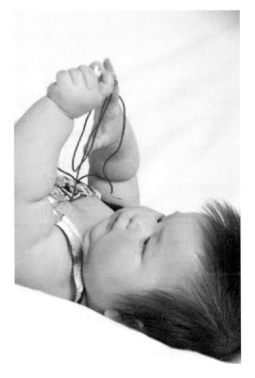

分类	项目	测试方法	通过标准	出现时间
大动作智能	站稳	扶宝宝站稳，给宝宝一个玩具后放手	独自站立10秒钟以上	第__月第__天
精细动作智能	翻书	向宝宝示范将硬皮书打开再合上，反复数次	能模仿大人动作	第__月第__天
语言智能	伸手"要"	观察宝宝是否有意识地发出一个字音，表示特定的意思，如"要"、"走"、"拿"等	能发出一个字音，表示特定的意思或动作	第__月第__天
逻辑—数学智能	比较大小	准备大、小两块饼干并给宝宝下相应的命令	能分辨大、小	第__月第__天
音乐智能	随音乐或儿歌做动作	放音乐或念儿歌时，鼓励宝宝随着节奏做动作，如点头、拍手、踏脚、摇动身体等	能随着节奏做简单动作	第__月第__天
空间知觉智能	寻找玩偶	当着宝宝的面用一块布把宝宝的玩具包起来	能自己掀开布找到玩具	第__月第__天
认知智能	用棍够物	将玩具放在床下伸手够不到的地方，给宝宝一个棍子，看宝宝是否知道用棍子够取	知道利用棍子去够即可，不一定要取到	第__月第__天
人际交往智能	交友游戏	让宝宝和其他小朋友一起玩	能融入其中	第__月第__天

第十二章
第12个月

生长发育月月查

 身体发育指标

	男孩	女孩
身长	70.9～82.1厘米，平均76.5厘米	69.7～80.5厘米，平均75.1厘米
体重	7.8～12.0千克，平均9.9千克	7.2～11.3千克，平均9.2千克
头围	43.7～48.9厘米，平均46.3厘米	42.6～47.8厘米，平均45.2厘米
胸围	42.2～50.2厘米，平均46.2厘米	41.1～49.1厘米，平均45.1厘米

注：身长：比9～10个月平均增长2.3～2.6厘米，每个月增长1.2厘米
体重：比9～10个月平均增长0.4～0.5千克，每个月增长0.23千克
头围：比9～10个月平均增长0.6～0.7厘米，每个月增长0.33厘米
胸围：比9～10个月平均增长0.6～0.7厘米，每个月增长0.33厘米

 智能发展水平

◎ 独自行走
◎ 搭积木1层
◎ 套五环
◎ 认颜色
◎ 模仿动物的叫声
◎ 认知身体部位

➡ 1岁的宝宝已经可以自己慢慢走路了。

养育也要讲科学

 烹调膳食的科学

要保证婴儿获得足够的热量和各种营养素，就要在照顾到婴儿的进食和消化能力的前提下，在食物烹调上下功夫。

婴儿对周围的事物充满了好奇，并对食物的色彩和形状感兴趣，例如，一个外形做得像一只小兔子的糖包就比一个普通的糖包更能引起宝宝的食欲。所以膳食制作要小和巧，不论是馒头还是包子，一定要小巧。巧，就是要让宝宝感到好奇、喜爱。当食物的外形美观、花样翻新、气味诱人时，会通过视觉、嗅觉等感官，传递至宝宝大脑的食物神经中枢，引起条件反射，从而刺激食欲，促进消化液的分泌，增加消化吸收功能。

婴幼儿消化系统的功能尚未发育成熟，所吃食物必须做到细、软、烂。面食以发面为好，面条要软、烂，米应做成软饭或菜粥，肉、菜要切碎一些，花生、栗子、核桃、瓜子要制成泥或酱，鱼、鸡、鸭要去骨、去刺，切碎后再食用，瓜果类均应去皮、去核后吃。

烹调要讲究科学。蔬菜要新鲜，做到先洗后切，急火快炒，以避免维生素C的流失，如蔬菜烫洗后，会使维生素C损失率达到90%以上；蒸或焖米饭要比捞饭少损失蛋白质5%及维生素B_1 8.7%；熬粥时放碱，会破坏食物中的水溶性维生素；油炸的食物大量破坏其内含的维生素B₁及维生素B₂；肉汤中含有脂溶性维生素，既吃肉又注意喝汤，才会获得肉食中的各种营养素。

此外，不新鲜的瓜果，陈旧发霉的谷类，腐败变质的鱼、肉，不仅失去了原来所含的营养素，还含有各种对人体有害的物质，食后会引起食物中毒。因此，这类食物在宝宝膳食中，应当做到绝对禁食。

 ## 婴儿营养十注意

① 要一日三餐两点定时进餐。

② 要提高烹调质量，注意膳食色、香、味、形俱佳。

③ 要选择多种食物搭配。牛奶、瘦肉、鱼及蛋等优质蛋白应充分供应，新鲜蔬菜及水果不可或缺；添加豆浆、豆腐等豆制品食物不能忘，各类食物应适量不可过多。

④ 要注意食物的均衡搭配。各类食物要粗、细粮搭配；动物性蛋白与植物性蛋白的比例应适宜，蔬菜与水果不能互相代替，每天保证喝600毫升牛奶；香油、食盐宜少。

⑤ 要注意用餐习惯的培养，如教宝宝自己用勺吃饭。

⑥ 要培养良好的饮食习惯。

⑦ 要多吃一些粗纤维含量丰富的食品，但一定要尽量做到细、软、烂等。

⑧ 要纠正偏食、挑食等不良饮食习惯。

⑨ 要适量、按时添加些零食。

⑩ 要定期进行营养咨询。

 ## 帮宝宝接受新添加的食物

家长在培养宝宝养成良好饮食习惯的同时，还要让婴儿对新食物感兴趣，愿意接受。

促使宝宝接受新食物的方法很多，如在餐桌上一次只增加一种新食品，量要少，应在宝宝饥饿时或精神良好时进行喂食，且只喂一汤匙；或把新食物和宝宝熟悉的食物搭配在一起给宝宝吃；或者父母边讨论新食品的味道、颜色、质量及香甜可口，边咀嚼新食品，并做出兴致很高的表情，以增加宝宝对新食物的感官了解和熟悉程度。如果宝宝接受了这种新食品，要给予适当的表扬，至少4～5天后，再让宝宝尝另一种食品；如果初次进食被宝宝拒绝，暂且不去理会，切勿强迫宝宝再进食或对宝宝的这种拒绝行为表示不满，要等以后有机会时，再试试其他的办法，如一种新食品烹调制作成多种菜肴，让它以另一种形式去引起宝宝的兴趣，或许宝宝会乐于接受，或利用宝宝喜欢食用的某类食品（如饺子、包子），把新食品加工成这类食品，以此达到让宝宝接受新食品的目的。

父母在为宝宝准备新食品时，应注意新食品的色、香、味、形，以增加宝宝的进食兴趣，使宝宝易于接受。在向宝宝推荐新食品时，不能用物质奖励的办法，原因之一是若用点心、巧克力等宝宝喜爱的食品当奖励，宝宝可能因食糖过多变胖；原因之二是虽然物质奖赏暂时能让宝宝接受新食物，但宝宝不一定长期接受新食物或者到最后没有物质奖赏就会拒绝接受这种食物。

 ## 宝宝头发稀黄是缺锌吗

宝宝缺锌会有头发稀、黄、脱发的症状，但这不是主要症状。除此之外，还有食欲不佳、消化功能减退、生长发育落后、反复呼吸道、消化道感染、口腔炎、结膜炎、经久不愈的对称性皮炎等。

 ## 宝宝应该睡木板床吗

宝宝最好能有个婴儿床，可确保安全。婴儿床采用木板床为宜，因为人体的脊柱有四个生理弯曲，即颈曲、胸曲、腰曲和骶曲，婴幼儿身体各器官在迅速发育或成长的同时，这些弯曲也逐渐形成。婴幼儿骨骼中所含的有机物质较多，钙、磷等无机盐含量相对较少，因此具有弹性大、柔软、不易骨折的特点，睡木板床可使脊柱处于正常的弯曲状态，不会影响婴儿脊柱的正常发育。

现在城市中很多家庭用弹簧床代替了木板床，其实这样做对宝宝不利，因为婴幼儿脊柱的骨质较软，周围的肌肉、韧带也很柔软，由于臀部重量较大，平卧时可能会造成胸部弯曲、腰部弯曲减少，侧卧可导致脊柱侧弯，宝宝无论是平卧或侧卧，脊柱都处于不正常的弯曲状态；弹性差的床，会使宝宝翻身困难，导致其身体某一部位受到压迫，久而久之会形成驼背、漏斗胸等异常形态，不仅影响宝宝体形的美观，而且更重要的是妨碍宝宝内脏器官的正常发育，对宝宝的危害极大。为了宝宝的健康，不应让宝宝睡弹簧床。

🔶 家长最好要让宝宝睡木床，这对宝宝身体发育非常有益。

 宝宝应该穿开裆裤吗

很多老人都喜欢给1岁左右，尤其是会走的宝宝穿开裆裤，因为这样方便宝宝随时蹲下大小便。但是这样做不利于训练宝宝大小便的卫生习惯。因为1岁左右的宝宝已经能够表达想要大小便了，故建议不如早点训练宝宝蹲便盆大小便的习惯。从宝宝成长方面来说，也应该为1岁的宝宝保护隐私和自尊，这有利于宝宝以后的心理健康成长。另外，穿开裆裤对女宝宝容易造成外阴感染。因此，最好不要给这么大的宝宝穿开裆裤。

 不要让宝宝形成"八字脚"

"八字脚"的形成原因中存在遗传因素，除此之外还有其他因素，如穿鞋不合适、走路过早等。有的父母拿会走路的早晚来衡量宝宝的聪明与否，因此急于让宝宝学走路。由于宝宝身体处于不断发展的阶段，下肢力量不够，学步及站立时双脚便自然地分开，使脚底面积加宽以增加支撑力度，来防止跌倒，结果产生双脚自然分开的姿势，这也是造成"八字脚"的原因之一。所以不要过分强调让宝宝早走路；给孩子购买鞋时要注意选择适合其年龄段穿的鞋，如对鞋帮和鞋底的选择，以及鞋码的选择等。

 ## 宝宝应按时复种疫苗

人类将引起某些病的细菌或病毒，制成灭活的或毒性低的疫苗，再通过注射或口服的方法把它送入人体，使人体内产生抗体，以预防某些疾病的发生，达到控制和消灭各种传染病的目的。

一般情况下，接种疫苗后体内产生抗体需经1~4周的时间，而这种抗体只能在人体内维持一定的时间，过了有效期之后会逐渐减少，抵抗某种疾病的能力也会逐渐降低，其结果是有患该种病的可能，因此，必须按规定的期限进行复种或加强接种，这样才能保持人体的抵抗力有效。

由于宝宝体内抗体的多少与抵抗疾病的能力有关，当抗体不足时，就不能抵抗疾病的发生，即达不到预防的目的。有的疫苗在注射第一针后就是这种情况，如百白破三联疫苗在基础注射时必须连续打两针（每隔一个月注射一次）才能有效，只有按照规定连续打针，才会产生足够的抗体，才能防止疾病的发生。

 ## 预防接种乙脑疫苗的注意事项

全国统一规定的免疫程序有卡介苗、脊髓灰质炎三价混合疫苗（糖丸）、百白破混合制剂及麻疹疫苗。各地区还可根据当地流行性乙脑的情况而决定注射乙脑疫苗，如北京地区规定在12个月龄后接种乙脑疫苗。

宝宝满12个月时注射流行性乙型脑炎疫苗第一针，1周后再注射一次，这两针为基础疫苗注射，一年以后加强一次，能预防乙型脑炎的发生。入学以后还需要有加强注射。

流行性乙型脑炎疫苗是从白鼠脑组织培养出来的活性病毒疫苗，接种乙脑灭活疫苗后，至少要经过1个月的时间，抗体的产生与活性才能在血清中达到高峰。因为各省在每年7月份开始流行乙型脑炎，所以为了预防所进行的接种多在春末夏初季节，即5月份完成。

宝宝胳膊脱臼怎么办

宝宝走路时，不少父母喜欢牵着胳膊走以防不慎摔倒，而宝宝突然跌倒时，家长猛地一扯宝宝胳膊，有时会导致宝宝肩关节脱臼。若宝宝哭闹且患侧胳膊不能活动，首先要想到关节脱臼，即医学上所说的肘、肩关节脱位。此种症病之所以在婴幼儿期多见，主要原因是宝宝的关节囊和韧带都比较松弛。主要体征为：前臂微屈内旋，疼痛不能上举患肢，但肘关节外观无明显异常，有的局部会稍肿。因此，家长在牵着孩子胳膊时要注意手劲，不要太过用力，突然跌倒也

不要用蛮劲扯宝宝的胳膊。如果宝宝不慎脱臼，可将宝宝肘关节拉开向外旋转，听到弹响声即表示关节已复位。如果家长不会自疗，则应尽早送医院治疗。要注意保护患肢，谨防变成"习惯性脱臼"。

接种疫苗备忘录

1. 8～12个月的月龄期间可接种风疹疫苗和流行性腮腺炎疫苗。
2. 流行性脑髓膜炎疫苗可推至11～12月份流脑流行季节接种。

专家医生帮帮忙

 ## 如何预防宝宝感冒

① 加强身体锻炼，增加户外活动，增强机体抗病能力。

② 讲究卫生，合理护理，根据天气变化适当增减衣服；居室要天天通风换气，室温要适宜，并保持一定湿度。

③ 在寒冬季节，尽可能不带宝宝去拥挤的公共场所，以防交叉感染。

④ 家中有上呼吸道感染疾病的患者，应尽量与宝宝隔离，并以醋熏室内。

🔄 居室内定期进行通风换气，有助于预防宝宝感冒。

⑤ 应用疫苗进行预防。从鼻腔内喷入或滴入的减毒病毒疫苗，可以预防或减轻上呼吸道感染病症。

⑥ 室内定期用食醋熏蒸，在疾病流行时期可用0.5%病毒唑滴鼻，用贯众、板蓝根、双花、菊花等煎服或代茶饮。

 ## 小儿急性呼吸道感染

急性上呼吸道感染（上感）是宝宝的常见多发病症，主要症状是发烧、流涕、打喷嚏、咳嗽，还可伴有腹痛、腹泻、呕吐等消化道的症状。有一些其他病症也表现出上述症状，所以应该对其仔细鉴别。

某些出皮疹的传染病

如麻疹、风疹、小儿急疹、水痘，等等。它们在开始发病时也是一些感冒的症状，但经过1~3天会有皮疹出现。所以小儿患了"感冒"，要注意看看身上有没有皮疹，若有，应及时找医生进行诊治。

流 感

流行性感冒是由流感病毒引起的，其实也是一种"上感"，但有明显的流行趋势，常常是同室、同班很多人相继发病，咳嗽、流涕的症状不一定很重，但全身症状明显，如高烧、全身酸疼、头痛严重。

消化道疾病

因为宝宝感冒常出现腹疼、腹泻、呕吐等消化道不适的症状，有时被误认为是患了肠炎。但宝宝肠炎的呕吐、腹泻比感冒的腹泻重得多，常会出现脱水的状况，而且多数没有流涕、咳嗽等感冒症状。"秋季腹泻"有"上感"症状，但它特殊的发病季节（秋、冬季）、水样大便和很快出现脱水的症状与"上感"完全不同。

过敏性鼻炎

有些宝宝一遇到冷空气或其他一些原因就会连续打喷嚏，流清鼻涕，没有发烧、咽痛、咳嗽等不适症状，尤其对于过敏体质的宝宝，要去医院诊断一下是否患有过敏性鼻炎，不要一直误认为感冒了，因为对这两者进行治疗的方法是不同的。

支气管炎和肺炎

它们是下呼吸道感染，比上呼吸道感染重得多。如果"上感"治疗护理不当，感染向下蔓延就会出现支气管炎，进一步成为肺炎。家长可以注意宝宝的呼吸次数，如果呼吸每分钟超过60次（安静状态下），吸气时胸部凹陷很明显，甚至口唇有些发绀，那说明宝宝患有肺炎的可能性很大，要及时找医生进行治疗，不要在家按感冒的病症来自疗。

🌻 小儿肺炎

小儿肺炎为婴幼儿时期的多发病，病因种类较多，以病毒和细菌引起的肺炎最为常见。主要表现是起病急，早期即有发热、咳嗽的症状，多为干咳，以后逐渐加重，常有痰，轻者呼吸脉搏增快，重者呼吸浅表、急促、鼻扇，三凹征明显，可出现心力衰竭，表现为烦躁不安，呼吸困难及发绀加重，脉搏和心率显著加快，颜面及下肢水肿等。病情严重时，可出现面色灰白，四肢发凉，血压下降，皮肤发花等。一旦观察到上述症状，应尽快到医院就诊，如肺部听诊听到有细小水泡的声音或胸部X光片检查见到片状阴影，便可进行确诊。经积极治疗其病程一般持续7～10天，多数在1个月内就可痊愈。

如宝宝患了肺炎，应做到：①根据病因，选择适宜的抗菌药物控制感染；②要保持呼吸道畅通，适当使用解痉、化痰和止咳类药物；③要对发热、烦躁不安、心率快和四肢凉等表现采取相应的有效处理；④要注意适量服用些维生素，注意多喝水，吃易消化的食物。

🌻 小儿"流脑"

流行性脑脊髓膜炎简称"流脑"，是由脑膜炎双球菌引起的急性呼吸道传染病，在冬、春季容易流行，其中1岁以下的婴儿约占总发病数的1/3。主要的表现为发热、头痛、颈疼、呕吐为喷射形式等。宝宝常常抽风、昏迷、全身局部发现出血点和淤斑，出血点增多速度较快，连成大片淤斑。进而手足发凉，脉搏微弱，出现休克或反复抽风、四肢发挺、脖子发硬的症状，情况危险，故必须早期从以上症状中识别出流脑，并尽快治疗。

"流脑"重在预防：首先，按程序接种流脑菌苗是防止发生流脑的关键；其次，在流行季节应积极预防呼吸道感染。如宝宝患了流脑，家长不必过于担心，一定要抓紧时机，尽早到医院进行正规治疗；青霉素、磺胺嘧啶（SD）、氯霉素对脑膜炎双球有特效治疗功能；及时通过输液防治休克。经过积极治疗，绝大多数流脑是可以治愈的，千万不可延误时机。如果治疗延误或治疗不彻底，会留下后遗症，对智能发育有较大影响。

🌻 小儿腹痛不能擅自用药

腹痛是儿科常见的症状之一，引起的原因可分为两类：一类是内科疾患，如细菌性痢疾、急性胃肠炎、肠痉挛、上呼吸道感染、肺炎、紫癜、风湿热等，不需手术治疗；另一类是外科急腹症，其不仅具有急腹症的特点，往往还需要手术治疗，如急性阑尾炎、肠套叠、嵌顿疝、蛔虫性肠梗阻、急性肠扭转等。

由于这两类疾病的有效治疗方法不同，因此急性腹痛最好的治疗办法是去医院对疾病进行诊断，在诊断较明确的情况下，可酌情使用止疼药，如肠痉挛、急性胃肠炎，以减少宝宝的痛苦。而大多数外科疾病，服止痛药后，宝宝表面上疼痛得到缓解，实际上病情仍在发展，往往延误疾病的治疗，如婴儿肠套叠，虽然来势凶猛，早期可用气体灌肠法治愈，但如果到了晚期，即使通过手术切除了坏死的肠管，危险性也依然很大。因此宝宝腹痛时，家长不能擅自给宝宝服用止痛药，更不能要求医生盲目为宝宝止痛，应服从医生的安排进行有效的治疗。

聪明宝宝智能开发方案

 如何让宝宝开步走

当宝宝能开始独立迈步时，可以说宝宝已跨入一个重要的发展阶段。达到这一点，说明宝宝已学会随着身体的移动变换身体重心。

宝宝从躺着到站着，已有一些转变重心的尝试。当宝宝爬行熟练时，将会爬到各类家具的边沿处以便扶着来站立，宝宝最初扶物站立时，可能还不会坐下，应教宝宝如何学会低头弯腰然后坐下。可以把玩具安放在近宝宝脚的一侧的地面上引诱宝宝低头弯腰去抓，即使宝宝是一手抓住家具的扶手后蹲下，另一只手伸出去抓玩具，也是进步的表现。当宝宝懂得低头弯腰去抓玩具后，就将懂得不必依靠家具扶持，将能靠自己的力量站立和坐下。此后再教宝宝如何从低矮的床上爬下来，其方法是告诉宝宝后退爬到床边，然后抓住宝宝的脚，让宝宝慢慢地挪动下床直到脚着地并能站立，对此进行反复练习，宝宝就会掌握下床的方法。因为人的行走是用两条腿交替来迈步，每迈一步都要变换重心。以上这些训练尚属于最基本的能力锻炼，在此基础上，父母可以站在宝宝的后方托住其腋下，或在前面挽着宝宝的双手向前迈步，练习走路。宝宝拉着父母的手走，同自己独立走完全不同，即使拉着宝宝的手时宝宝能走得很好，可是一到自己走就不行了，拉手走只能用于练习迈步。待时机成熟时，设法创造一个引导宝宝独立迈步的环境，如让宝宝靠墙站好，大人退后两步，伸开双手并鼓励宝宝，叫宝宝走过来找妈妈。当宝宝第一次迈步时，家长需要向前迎一下，避免宝宝在第一次尝试时摔倒。反复练习，用不了多长时间宝宝就学会走路了。

宝宝开始学步走时，不要给宝宝穿袜子，因为会滑倒，身体很难保持平衡；每次训练前让宝宝进行排尿，撤掉尿布，以减轻下半身的负担；选择一个摔倒了也不会让宝宝受伤的地方，特别注意的是要将四周的环境布置一下，要把有棱角的东西都拿开。父母还应注意每天练习的时间不宜过长，30分钟左右就可以了。总之应根据宝宝的具体情况，练习方法灵活，切不可生搬硬套书本知识。

用图卡开发智力

可将颜色鲜艳、图案简洁的儿童画（如动物、食物、玩具等）贴在方盒的每个面上，让宝宝辨认。家长可先描述一个图案的内容给宝宝听，如小鸟有翅膀，会喳喳叫，等宝宝记住后，把这个图转变到另一方向，问宝宝"喳喳叫"在哪里，这时宝宝会在方盒周围爬来爬去找小鸟的图案面。让宝宝分别记住方盒的图案，将盒子转来转去，让宝宝既锻炼了动作又锻炼了记忆、语言。同样的训练也可采用图书、挂历等物来进行。

 "折腾"能开发智力

对于此时的宝宝来说，大千世界是那么新奇，因此宝宝有着强烈的探索欲望。只要醒来，宝宝就会不停地、不知疲倦地东摸摸、西翻翻，甚至会在大人一时看不到的时候闯下什么祸。因为这时候的宝宝语言发育程度还很低，他需要通过大量感官学习和运动，如靠看看、停停、尝尝、摸摸等活动来进行学习。所以不要过多限制宝宝的行动自由，要利用一切可能的机会让宝宝去探索，凡是宝宝没有接触过的东西，比如没有闻过的味道、没有尝过的食品、没有触摸过的物品，都可以在保证安全、卫生的前提下让宝宝体验，要给宝宝多一些自由活动的机会，为宝宝创造能胜任某一件事情的机会，让宝宝体验成功的快乐和失败的教训，同时在探索中教会宝宝认识事物、掌握规律、学习规矩。

而那些因怕宝宝弄坏物品、弄脏屋子、怕宝宝受到任何伤害而处处限制宝宝摸这动那的做法，实际上是剥夺了宝宝学习的机会和获得经验的机会。这是早期教育中最大的失误。

家长可让宝宝多接触新事物，以开发宝宝的智力。

早教益智游戏方案

大动作智能

亲子游戏 随声蹦跳

游戏目的：

　　有助于提高宝宝控制身体的平衡能力，培养宝宝勇敢、坚强的品质。

游戏玩法：

STEP1　让宝宝双手扶着床边、沙发站稳。

STEP2　父母一边喊着口令，一边做双脚轻轻跳的示范动作，引导宝宝借助双手的支撑力量，模仿将双脚踮起做类似跳跃的动作。

STEP3　父母在一旁要鼓励宝宝并喊着口令。

STEP4　反复几次后，宝宝就能随节奏踮动双脚。

精细动作智能

亲子游戏 捡拾玩具

游戏目的：

　　锻炼宝宝手部的灵活性，有意识地培养宝宝收拾物品的习惯。

游戏玩法：

STEP1　把玩具筐放在沙发上，把各种玩具堆放在远处的地上。

STEP2　引导宝宝将地上的玩具捡起来，一个一个搬运到玩具筐里。

STEP3　宝宝每成功搬运一个玩具放在玩具筐里，都要给予赞许和鼓励。

语言智能

亲子游戏 阅读画册

游戏目的：

　　帮助宝宝认识常见动物和发展语言能力。

游戏玩法：

STEP1　和宝宝一起看画册，一边看一边用手指，并告诉宝宝这些动物的名称和叫声。

STEP2　引导宝宝和家长一起模仿这些动物的叫声。

STEP3　以后经常指着动物问宝宝："这是什么？""它怎么叫？"让宝宝认识并对它们的叫声进行模仿。

逻辑—数学智能

大小配对

游戏目的:

　　提高宝宝的运动能力和数学能力,以及提高宝宝对大、小概念的认知能力。

游戏玩法:

STEP1　准备杯口大小不一的茶杯两个,摆放在宝宝面前,同时把杯盖放在旁边。

STEP2　拿起一个杯盖,盖在相应的茶杯上。

STEP3　将另一个杯盖递给宝宝,请宝宝找到相应的茶杯并将其盖上。

STEP4　再将两个杯盖取下,让宝宝靠自己将这两个杯盖盖在相应的茶杯上。

音乐智能

闻曲起舞

游戏目的:

　　培养宝宝的乐感和愉快的情绪,激发其对音乐的兴趣。

游戏玩法:

STEP1　在宝宝情绪稳定的时候,播放带有舞蹈节拍的乐曲。

STEP2　引导宝宝在听到音乐后,能够一起活动起来,进行简单的舞蹈,或者做相应的动作。

STEP3　在宝宝跳舞或做动作时,要鼓励宝宝:"宝宝,跳得真棒!""宝宝真厉害!"

空间知觉智能

简单拼图

游戏目的:

　　提高宝宝的想象力,建立良好的方位感。

游戏玩法:

STEP1　将宝宝熟悉的一张图片剪成两半,放在宝宝面前。

STEP2　引导宝宝将图片摆放正确。

STEP3　如果宝宝不能将图片摆放正确,也不要灰心,应给予宝宝鼓励,增加宝宝的自信心。

STEP4　反复练习几次,一定会成功。

认知智能

亲子游戏 指认五官

游戏目的：

　　帮助宝宝进一步认识和熟悉五官，提高宝宝的认知能力。

游戏玩法：

STEP1　拿出一个娃娃，指着其眼睛说："娃娃的眼睛在哪里呀？"引导宝宝自己来指出。

STEP2　用同样的方法指出娃娃的鼻子、嘴巴、耳朵等，让宝宝反复进行认识。

STEP3　可以一边唱"认识五官歌"，一边做相应的动作，指出五官部位所在，教宝宝模仿指出。

人际交往智能

亲子游戏 一起学走

游戏目的：

　　帮助宝宝学会与其他小朋友交往，增进宝宝主动交往的意识。

游戏玩法：

STEP1　带着宝宝到环境清新的街心公园学习走路，让宝宝接触一些年龄相仿的小朋友。

STEP2　要鼓励宝宝同其他宝宝们打招呼，招招手，点点头，同宝宝们笑，并练习走路。

STEP3　宝宝和其他宝宝之间可以相互模仿彼此走路，增加宝宝下地走路的兴趣。

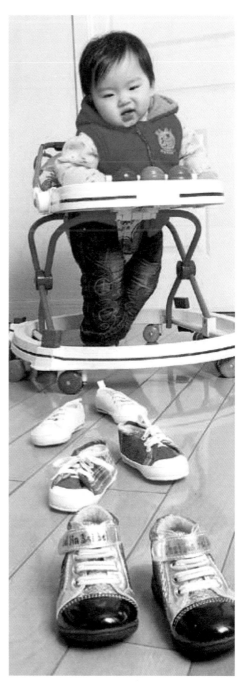

游戏目的：

训练宝宝与人交往的能力；培养宝宝使用杯子的习惯。

游戏玩法：

STEP1 带把的杯子2个。

STEP2 妈妈在2个杯子里各倒少许温开水，然后自己拿一个较大的杯子，让宝宝拿另外一个较小的杯子。

STEP3 妈妈先拿杯子碰一下宝宝的杯子，然后做双手举杯喝水的动作。

STEP4 同时对宝宝说："宝宝，让我们举起杯子，干杯！"妈妈让宝宝举起杯子和自己碰杯，看宝宝是否会学着自己的样子双手举杯并将杯中的水喝光。

亲子便利贴

12个月大的宝宝小手越来越灵活，而且独立性越来越强，开始厌烦大人喂水、喂饭了。家长可以根据宝宝的这一成长特点，训练宝宝自己拿杯子喝水。让宝宝自己拿杯子喝水，尤其是跟宝宝之外的人一起喝水，可以让宝宝感受到与他人一起喝水的乐趣，同时还能促进宝宝自理能力的发展。

IQ、EQ 小测验

分类	项目	测试方法	通过标准	出现时间
大动作智能	独走	鼓励宝宝在站在两边的父母之间独立行走，不需要搀扶	独立走2~3步	第__月第__天
精细动作智能	搭积木	拿出4块积木，向宝宝示范如何搭积木	会搭1~2块，且不倒	第__月第__天
语言智能	模仿动物叫	向宝宝展示出不同动物的卡片，鼓励宝宝模仿它们的叫声	会模仿几种	第__月第__天
逻辑—数学智能	大小配对	准备大小不一的瓶盖和相对应的瓶子，让宝宝进行配对	能配对正确2~3个	第__月第__天
音乐智能	闻曲起舞	给宝宝播放音乐	能手舞足蹈	第__月第__天
空间知觉智能	拼拼图	将图片剪成两部分，让宝宝进行拼接	能摆放正确	第__月第__天
认知智能	认知部位	指出身体部位，如手、腿、脚、肚子等，让宝宝来回答是什么部位	会认2~3处	第__月第__天
人际交往智能	在别人向自己索要东西时，知道并给予	向宝宝索要手中的玩具或食品	理解所表达的意思，知道并给予	第__月第__天

0~1岁宝宝体检备忘录

宝宝定期体检，与预防接种同等重要

宝宝在婴幼儿时期正处于一个快速发育的阶段，生理、心理、智力、性格、气质等许多方面无时无刻不在发生着变化，而这些细微的变化是父母很难发现的。

所以，为了正确判断宝宝的成长发育状况，父母需要借助医生的专业知识和临床经验来为宝宝检查，以弥补新爸新妈在育儿经验上的不足。

另外，定期给宝宝进行健康检查，有利于及早发现宝宝成长过程中所隐藏的问题，及时采取正确的解决方法，保证宝宝健康成长。所以，宝宝定期体检非常重要。

带宝宝体检要注意穿戴

宝宝体检必然要解扣子或脱衣服，所以，为了避免宝宝一件件地脱衣而烦躁以及防止宝宝穿脱衣服引发感冒，父母带宝宝去体检时应该给宝宝穿脱起来方便的衣服或不要穿太多内衣等。其中，婴幼儿连体衣是医生检查时最麻烦的一种衣服，父母应尽量避免。另外，很多宝宝不喜欢在陌生人面前脱鞋，所以，父母可以在体检时给宝宝穿上漂亮的袜子或者是不穿鞋，只穿厚袜子，这样便于鼓励宝宝露出小脚。

带好宝宝的体检卡和成长记录本

带宝宝去体检时，父母要记住带好宝宝历次的体检记录本、疫苗接种记录以及就诊记录等。宝宝的成长记录也是越详细越好，比如宝宝何时学会坐，何时学会爬，每日饭量多少，睡眠时间多长以及大小便情况等，有了这些记录，医生在询问的同时父母就能给予最准确、最详细的回答，有助于医生全面了解宝宝的成长状况，并做出评价。

宝宝体检需要检查的项目种类及作用

时间	检查项目	作用
出生后第42天	体格检查（体重、身高、头围、胸围等）	反映宝宝营养状况
	微量元素检测	检测宝宝是否营养缺乏，喂养是否合理
4个月	体格检查（体重、身高、头围、胸围等）	检测宝宝营养水平是否良好；视力、四肢是否正常
	血液检测	检测宝宝是否贫血
6个月	体格检查（体重、身高、头围、胸围等）	检测宝宝是否发育正常；运动发育是否正常；听力、视力是否正常；骨骼是否正常
	智力测评	了解宝宝智力发育现状，有针对性地发展宝宝智力
	血液检测	检测宝宝造血功能是否正常

	体格检查（体重、身高、头围、胸围等）	检测宝宝身体发育、营养状况是否良好；牙齿是否健康；视力是否正常
9个月	微量元素检测	评价宝宝体内微量元素含量是否正常
	语言测评（个别宝宝）	评价宝宝发声情况
	智力测评	了解宝宝智力发育情况
	体格检查（体重、身高、头围、胸围等）	检测宝宝身体发育情况以及四肢肌肉力量、肺活量等
12个月	骨密度检测	检测宝宝骨骼发育现状；动作发育情况
	血铅检测	评价宝宝是否铅超标
	口腔检查	评价宝宝牙齿是否发育正常，有无龋齿；咽部有无炎症；淋巴结是否肿大等